花椒、核桃、柿子
无公害管理配套技术

陈彦斌　主编

U0307461

西北农林科技大学出版社
Northwest A&F University Press

·杨凌·

图书在版编目（CIP）数据

花椒、核桃、柿子无公害管理配套技术 / 陈彦斌主编. — 杨凌：西北农林科技大学出版社，2022.10
ISBN 978-7-5683-1216-5

Ⅰ.①花… Ⅱ.①陈… Ⅲ.①花椒—栽培技术 ②核桃—果树园艺 ③柿—果树园艺 Ⅳ.①S573 ②S66

中国国家版本馆CIP数据核字（2023）第007079号

花椒、核桃、柿子无公害管理配套技术

陈彦斌　主编

出版发行	西北农林科技大学出版社
地　　址	陕西杨凌杨武路3号　　邮　编：712100
电　　话	总编室：029-87093195　发行部：029-87093302
电子邮箱	press0809@163.com
印　　刷	西安浩轩印务有限公司
版　　次	2022年10月第1版
印　　次	2022年10月第1次印刷
开　　本	787mm×1092mm　1/16
印　　张	13
字　　数	241千字

ISBN 978-7-5683-1216-5

定价：39.00 元

本书如有印装质量问题，请与本社联系

《花椒、核桃、柿子无公害管理配套技术》
编委会

序

　　乡村振兴，产业兴旺是重点，是实现农民增收、农业发展和农村繁荣的基础。目前，虽然山区群众生活水平得到了很大提高，但仍然存在科技知识匮乏、生产能力不强、不适种粮的土地利用率较低等问题。针对群众的现实需求和总体现状，作者结合三十多年农村工作和农民培训的体会，选择北方山区适宜发展的主要经济林树种，针对农民在花椒、核桃、柿子等经济林经营管理中面临的主要问题，如管理技术落后、水平不高，品种杂乱、产量低、质量差，比较收益低，食品安全意识缺乏等，总结多年来国内外先进的生产管理技术和科研成果，编写了《花椒、核桃、柿子无公害管理配套技术》一书，以期解决农民迫切需要了解的经济林管理基本理论和技术问题。

　　本书在结构编排和内容安排上均有较多创新，强调生产安全，强化技术配套。为了便于学习和参考，开篇就是食品安全的基本知识，介绍了食品生产安全一些新概念、新知识、新要求、新标准，提高群众对生产高端产品重要性的认识，推动果品生产者更新观念、创新技术、开发产品。本书将土壤管理、科学施肥分开介绍，打破了在传统教材中将两者放在一起编写的局限，纠正了近几十年来偏重化肥在土壤管理中的作用；把科学施肥和人工、机械耕作技术相结合，有利于改善土地质量，提高土地可持续生产力。

　　全书偏重"做什么""怎么做"，浅显易懂，便于操作，重在实用，对理论性的知识论述力求通俗易懂，对常识性的知识点根据在生产中的重要性进行合理取舍，详略得当，重点突出，适宜基层科技人员和广大果农阅读学习。

刘农明

（西北农林科技大学教授）

2022年4月23日

目　　录

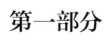

第一部分

食品安全基本知识

第一章 基本概念

第一节 无公害食品、绿色食品、有机食品的概念

一、无公害食品

无公害食品是指产地生态环境清洁，按照特定的技术操作规程生产，将有害物含量控制在规定标准内，并由授权部门审定批准，允许使用无公害标志的食品。无公害食品注重产品的安全质量，其标准要求不是很高，涉及的内容也不是很多，适合我国当前的农业生产发展水平和国内消费者的需求，对于多数生产者来说，达到这一要求不是很难。当代农产品生产需要由普通农产品发展到无公害农产品，再发展至绿色食品或有机食品，绿色食品跨接在无公害食品和有机食品之间，无公害食品是绿色食品发展的初级阶段，有机食品是质量更高的绿色食品。总之，无公害农产品是指产地环境、生产过程、产品质量符合国家有关标准和规范的要求，经认证合格获得认证证书并允许使用无公害农产品标志的未经加工或初加工的食用农产品。

二、绿色食品

绿色食品概念是我们国家提出的，指遵循可持续发展原则，按照特定生产方式生产，经专门机构认证，许可使用绿色食品标志的无污染的安全、优质、营养类食品。由于与环境保护有关的事物国际上通常都冠之以"绿色"，为了更加突出这类食品出自良好生态环境，因此定名为绿色食品。无污染、安全、优质、营养是绿色食品的特征。无污染是指在绿色食品生产、加工过程中，通过严密监测、控制，防范农药残留、放射性物质、重金属、有害细菌等对食品生产各个环节的污染，以确保绿色食品产品的洁净。为适应我国国内消费者的需求及当前我国农业生产发展水平与国际市场竞争，从1996年开始，在申报审批过程中将绿色食品区分AA级和A级。

三、有机食品

有机食品是国际上普遍认同的叫法，这一名词是从英法Organic Food直译过来的，在其他语言中也有叫生态或生物食品的。这里所说的"有机"不是化学上的概念。国际有机农业运动联合会（IFOAM）给有机食品下的定义：根据有机食品种植标准和生产加工技术规范而生产的、经过有机食品颁证组织认证并颁发证书的一切食品和农产品。国家环保局有机食品发展中心（OFDC）认证标准中有机食品的定义：来自有机农业生产体系，根据有机认证标准生产、加工，并经独立的有机食品认证机构认证的农产品及其加工品等。包括粮食、蔬菜、水果、奶制品、禽畜产品、蜂蜜、水产品、调料等。有机食品与无公害食品、绿色食品的最显著差别是，前者在其生产和加工过程中绝对禁止使用农药、化肥、除草剂、合成色素、激素等人工合成物质，后者则允许有限制地使用这些物质。因此，有机食品的生产要比其他食品难得多，需要建立全新的生产体系，采用相应的替代技术。

第二节 有机食品、无公害食品与绿色食品的区别和关系

绿色食品是我国农业部门推广的认证食品，分为A级和AA级两种。其中A级绿色食品生产中允许限量使用化学合成生产资料，AA级绿色食品则较为严格地要求在生产过程中不使用化学合成的肥料、农药、兽药、饲料添加剂、食品添加剂和其他有害于环境和健康的物质。从本质上讲，绿色食品是从无公害食品向有机食品发展的一种过渡性产品。

有机食品是指以有机方式生产加工的、符合有关标准并通过专门认证机构认证的农副产品及其加工品，包括粮食、蔬菜、奶制品、禽畜产品、蜂蜜、水产品、调料等。有机食品与其他食品的区别主要有三个方面：

第一，有机食品在生产加工过程中绝对禁止使用农药、化肥、激素等人工合成物质，并且不允许使用基因工程技术；其他食品则允许有限使用这些物质，并且不禁止使用基因工程技术。如绿色食品对基因工程技术和辐射技术的使用就未作规定。

第二，有机食品在土地生产转型方面有严格规定。考虑到某些物质在环境中

会残留相当一段时间，土地从生产其他食品到生产有机食品需要两到三年的转换期，而生产绿色食品和无公害食品则没有转换期的要求。

第三，有机食品在数量上进行严格控制，要求定地块、定产量，生产其他食品没有如此严格的要求。

总之，生产有机食品比生产其他食品难度要大，需要建立全新的生产体系和监控体系，采用相应的病虫害防治、地力保持、种子培育、产品加工和储存等替代技术。

三者之间的关系：

1.无公害食品、绿色食品、有机食品都是经质量认证的安全农产品。

2.无公害食品是绿色食品和有机食品发展的基础，绿色食品和有机食品是在无公害食品基础上的进一步提高。

3.无公害食品、绿色食品、有机食品都注重生产过程的管理，无公害食品和绿色食品侧重对影响产品质量因素的控制，有机食品侧重对影响环境质量因素的控制。

第三节　绿色食品标准概述

绿色食品标准由农业部发布，属强制性国家行业标准，是绿色食品生产中必须遵循、绿色食品质量认证时必须依据的技术文件。绿色食品标准是应用科学技术原理，在结合绿色食品生产实践的基础上，借鉴国内外相关先进标准所制定的。目前，绿色食品标准分为两个技术等级，即AA级绿色食品标准和A级绿色食品标准。

AA级绿色食品标准要求：生产地的环境质量符合《绿色食品产地环境质量标准》，生产过程中不使用化学合成的农药、肥料、食品添加剂、饲料添加剂、兽药及有害于环境和人体健康的生产资料，而是通过使用有机肥、种植绿肥、作物轮作、生物或物理方法等技术，培肥土壤、控制病虫草害、保护或提高产品品质，从而保证产品质量符合绿色食品产品标准要求。

A级绿色食品标准要求：生产地的环境质量符合《绿色食品产地环境质量标准》，生产过程中严格按绿色食品生产资料使用准则和生产操作规程要求，限量使用限定的化学合成生产资料，并积极采用生物学技术和物理方法，保证产品质量符合绿色食品产品标准要求。

第二章 无公害食品标准体系

无公害食品标准主要包括无公害食品行业标准和农产品安全质量国家标准，二者同时颁布。无公害食品行业标准由农业部制定，是无公害农产品认证的主要依据；农产品安全质量国家标准由国家质量技术监督检验检疫总局制定。

第一节 无公害食品行业标准

农业部2001年制定、发布了73项无公害食品标准，2002年制定了126项、修订了11项无公害食品标准，2004年又制定了112项无公害标准。无公害食品标准内容包括产地环境标准、产品质量标准、生产技术规范和检验检测方法等，标准涉及120多个（类）农产品品种，大多数为蔬菜、水果、茶叶、肉、蛋、奶、鱼等关系群众日常生活的"菜篮子"产品。

无公害食品标准以全程质量控制为核心，主要包括产地环境质量标准、生产技术标准和产品标准三个方面，无公害食品标准主要参考绿色食品标准的框架而制定。

一、无公害食品产地环境质量标准

无公害食品产地环境质量标准对产地的空气、农田灌溉水质、渔业水质、畜禽养殖用水和土壤等的各项指标以及浓度限值做出规定：一是强调无公害食品必须产自良好的生态环境地域，以保证无公害食品最终产品的无污染、安全性；二是促进对无公害食品产地环境的保护和改善。

二、无公害食品生产技术标准

无公害食品生产过程的控制是无公害食品质量控制的关键环节，无公害食品生产技术操作规程按作物种类、畜禽种类等和不同农业区域的生产特性分别制订，用于指导无公害食品生产活动，规范无公害食品生产，包括农产品种植、畜禽饲养、水产养殖和食品加工等技术操作规程。从事无公害农产品生产的单位或者个人，应当严格按规定使用农业投入品。禁止使用国家禁用、淘汰的农业投入品。

三、无公害食品产品标准

无公害食品产品标准是衡量无公害食品终产品质量的指标尺度。它虽然跟普通食品的国家标准一样，规定了食品的外观品质和卫生品质等内容，但其卫生指标不高于国家标准，重点突出了安全指标，安全指标的制订与当前生产实际紧密结合。无公害食品产品标准反映了无公害食品生产、管理和控制的水平，突出了无公害食品无污染、食用安全的特性。

按照国家法律法规规定和食品对人体健康、环境影响的程度，无公害食品的产品标准和产地环境标准为强制性标准，生产技术规范为推荐性标准。

第二节　农产品安全质量国家标准

为提高蔬菜、水果的食用安全性，保证产品的质量，保护人体健康，发展无公害农产品，促进农业和农村经济可持续发展，国家质量监督检验检疫总局特制定农产品安全质量GB 18406和GB/T 18407，以提供无公害农产品产地环境和产品质量国家标准。农产品安全质量分为两部分，无公害农产品产地环境要求和无公害农产品产品安全要求。

一、无公害农产品产地环境要求

《农产品安全质量产地环境要求》（GB/T 18407—2001）分为以下四个部分：

1.《农产品安全质量　无公害蔬菜产地环境要求》（GB/T 18407.1—2001）该标准对影响无公害蔬菜生产的水、空气、土壤等环境条件按照现行国家标准的有关要求，结合无公害蔬菜生产的实际做出了规定，为无公害蔬菜产地的选择提供了环境质量依据。

2.《农产品安全质量　无公害水果产地环境要求》（GB/T 18407.2—2001）该标准对影响无公害水果生产的水、空气、土壤等环境条件按照现行国家标准的有关要求，结合无公害水果生产的实际做出了规定，为无公害水果产地的选择提供了环境质量依据。

3.《农产品安全质量 无公害畜禽肉产地环境要求》（GB/T 18407.3—2001）该标准对影响畜禽生产的养殖场、屠宰和畜禽类产品加工厂的选址和设施、生产的畜禽饮用水、环境空气质量、畜禽场空气环境质量及加工厂水质指标及相应的试验方法、防疫制度及消毒措施按照现行标准的有关要求，结合无公害畜禽生产的实际做出了规定。从而促进我国畜禽产品质量的提高，加强产品安全质量管理，规范市场，促进农产品贸易的发展，保障人民身体健康，维护生产者、经营者和消费者的合法权益。

4.《农产品安全质量 无公害水产品产地环境要求》（GB/T 18407.4—2001）该标准对影响水产品生产的养殖场、水质和底质的指标及相应的试验方法按照现行标准的有关要求，结合无公水产品生产的实际做出了规定。从而规范我国无公害水产品的生产环境，保证无公害水产品正常地生长和水产品的安全质量，促进我国无公害水产品生产。

二、无公害农产品产品安全要求

《农产品安全质量 产品安全要求》（GB 18406—2001）分为以下四个部分：

1.《农产品安全质量 无公害蔬菜安全要求》（GB 18406.1—2001）本标准对无公害蔬菜中重金属、硝酸盐、亚硝酸盐和农药残留给出了限量要求和试验方法，这些限量要求和试验方法采用了现行的国家标准，同时也对各地开展农药残留监督管理而开发的农药残留量简易测定给出了方法原理，旨在推动农药残留简易测定法的探索与完善。

2.《农产品安全质量 无公害水果安全要求》（GB 18406.2—2001）本标准对无公害水果中重金属、硝酸盐、亚硝酸盐和农药残留给出了限量要求和试验方法，这些限量要求和试验方法采用了现行的国家标准。

3.《农产品安全质量 无公害畜禽肉安全要求》（GB 18406.3—2001）本标准对无公害畜禽肉产品中重金属、亚硝酸盐、农药和兽药残留给出了限量要求和试验方法，并对畜禽肉产品微生物指标等给出了要求，这些有毒有害物质限量要求、微生物指标和试验方法采用了现行的国家标准和相关的行业标准。

4.《农产品安全质量 无公害水产品安全要求》（GB 18406.4—2001）本标准对无公害水产品中的感官、鲜度及微生物指标做了要求，并给出了相应的试验方法，这些要求和试验方法采用了现行的国家标准和有关的行业标准。

第三章　无公害经济林主要环境质量要求

2001年我国发布实施了农业行业标准《无公害食品 苹果产地环境条件》（NY 5013—2001），但对花椒、核桃、柿子无公害食品的产地环境质量到目前为止还没有明确规定。本节参考苹果无公害食品产地环境条件，介绍无公害经济林产品对产地环境质量的要求。

第一节　产地区域要求

无公害经济林的产地应选择在生态环境良好，远离污染源，并具有可持续生产能力的农业生产区域。具体地说，就是无公害经济林的产地要选在经济林的最适宜区或适宜区，并远离城镇、交通要道（如公路、铁路、机场、车站、码头等）及工业"三废"排放点，且有持续生产无公害经济产品的能力。

第二节　产地空气环境质量要求

无公害经济林的产地空气环境质量同苹果一样，包括总悬浮颗粒物、二氧化硫、二氧化氮和氟化物4项衡量指标。按标准状态计，4种污染物的浓度不得超过表3-1的规定限值。需要特别注意的是，根据国家标准《保护农作物的大气污染物限值》（GB 9137—1988），空气中二氧化硫和氟化氢浓度偏高易对经济林的正常生长发育造成危害。

表3-1 无公害经济林产地空气环境质量要求（参照苹果）

指 标	日平均	1小时平均
总悬浮颗粒物（毫克/米³）≤	0.30	——
二氧化硫（毫克/米³）≤	0.15	0.50
二氧化氮（毫克/米³）≤	0.12	0.24
氟化物（F）≤	7微克/米³	20微克/米³
	1.8微克/（分米²·天）	——

注：4种污染物均按标准状态计算；日平均指任何一日的平均浓度；1小时平均指任何1小时的平均浓度。

第三节 产地灌溉水质量要求

无公害经济林的产地灌溉水质量包括pH、氰化物、氟化物、石油类、汞、砷、铅、镉和六价铬共9项衡量指标。其中，pH要求在5.5～8.5之间；氰化物、氟化物、石油类、汞、砷、铅、镉和六价铬等8种污染物的浓度不得超过表3-2的规定限值。

表3-2 无公害经济林产地灌溉水质量要求（参照苹果）

指 标	指标值	指 标	指标值	指 标	指标值
pH	5.5～8.5	石油类≤	10.0	总铅≤	0.10
氰化物≤	0.50	总汞≤	0.001	总镉≤	0.005
氟化物≤	3.00	总砷≤	0.10	六价铬≤	0.10

注：pH无单位，其余8项指标的单位均为毫克/升。

第四节 产地土壤环境质量要求

无公害经济林的产地土壤环境质量包括6项衡量指标，即类金属元素砷和镉、汞、铅、铬、铜等5种重金属元素。各污染物对应不同的土壤pH（pH<6.5、pH 6.5～7.5和pH>7.5），有不同的含量限值（见表3-3）。

表3-3 无公害经济林产地土壤环境质量要求（参照苹果）

指 标	指标值（毫克/千克）		
	pH<6.5	pH 6.5～7.5	pH>7.5
镉≤	0.3	0.3	0.6
汞≤	0.3	0.5	1.0

指　标	指标值（毫克/千克）		
	pH < 6.5	pH 6.5 ~ 7.5	pH > 7.5
砷 ≤	40	30	25
铅 ≤	250	300	350
铬 ≤	150	200	250
铜 ≤	150	200	200

注：重金属（铬主要为三价）和砷均按元素量计，适用于1千克土壤阳离子交换量>5厘摩尔（+），若≤5厘摩尔（+），其标准值为表内数值的一半。

第五节　允许使用和禁止使用的肥料种类

无公害生产过程中允许使用的肥料包括农家肥料、商品肥料和其他允许使用的肥料。农家肥料按农业行业标准《绿色食品肥料使用准则》（NY/T 394—2000）中3.4规定执行，包括堆肥、沤肥、厩肥、沼气肥、绿肥、作物秸秆肥、泥肥、饼肥等。商品肥料按农业行业标准《绿色食品肥料使用准则》（NY/T 394—2000）中3.5规定执行，包括商品有机肥、腐殖酸类肥、微生物肥、有机复合肥、无机（矿质）肥、叶面肥等。其他允许使用的肥料，系指由不含有毒物质的食品、鱼渣、牛羊毛废料、骨粉、氨基酸残渣、骨胶废渣、家禽家畜加工废料、糖厂废料等有机物制成的，经农业部门登记或备案允许使用的肥料。

在无公害生产中，禁止使用下列肥料：未经无害化处理的城市垃圾和含有金属、橡胶及有害物质的垃圾；硝态氮肥和未腐熟的人粪尿、未获准登记的肥料产品。

表3-4　绿色食品生产中禁止使用的化学农药

种　类	农药名称	禁用作物	禁用原因
无机砷杀虫剂	砷酸钙、砷酸铅	所用作物	高毒
有机砷杀菌剂	甲基胂酸锌、甲基胂酸铁铵（田安）、福美甲胂、福美胂	所用作物	高残毒
有机锡杀菌剂	薯瘟锡（三苯基醋酸锡）、三苯基氯化锡和毒菌锡	所用作物	高残毒
有机汞杀菌剂	氯化乙基汞（西力生）、醋酸苯汞（赛力散）	所用作物	剧毒、高残毒
氟制剂	氯化钙、氟化钠、氟乙酸钠、氟乙酰胺、氟铝酸钠、氟硅酸钠	所用作物	剧毒、高毒易产生药害

续表

种　类	农药名称	禁用作物	禁用原因
有机氯杀虫剂	滴滴涕、六六六、林丹、艾氏剂、狄氏剂	所用作物	高残毒
有机氯杀螨剂	三氯杀螨醇	蔬菜、果树	我国生产的工业品中含有一定数量的滴滴涕
卤代烷类熏蒸杀虫剂	二溴乙烷、二溴氯丙烷	所用作物	致癌、致畸
有机磷杀虫剂	甲拌磷、乙拌磷、久效磷、对硫磷、甲基对硫磷、甲胺磷、甲基异柳磷、治螟磷、氧化乐果、磷胺	所用作物	高毒
有机磷杀菌剂	稻瘟净、异稻瘟净（异臭米）	所用作物	高毒
氨基甲酸酯杀虫剂	克百威、涕灭威、灭多威	所用作物	高毒
二甲基甲脒类杀虫杀螨剂	杀虫脒	所用作物	慢性毒性、致癌
取代苯类杀虫杀菌剂	五氯硝基米、稻瘟醇（五氯苯甲醇）	所用作物	国外有致癌报道或二次药害
植物生长调节剂	有机合成植物生长调节剂	所用作物	
二苯醚类除草剂	除草醚、草枯醚	所用作物	慢性毒性

表3-5　允许使用的防腐剂及最大使用量

防腐剂名称	替换物	最大使用量（毫克/千克食物）
二氧化硫	亚硫酸钠和焦亚硫酸钠，焦亚硫酸钾，亚硫酸钙和亚硫酸氢钙	20000
苯甲酸	钠盐、钾盐和钙盐	800
丙酸	钠盐和钙盐	1000
山梨酸	钠盐、钾盐和钙盐	1000
对羟基苯甲酸酯、乙酯、丙酯	对应的钠盐	800
联苯		70
尼生素		无规定
硝酸钠	钾盐	50
邻苯基苯酚	钠盐	10
噻苄基		无规定

表3-6 农药残留限量国家标准

（单位：毫克/千克）

农药名称	种类	残留限量	备注	农药名称	种类	残留限量	备注
滴滴涕	杀虫剂	≤0.1		西维因	杀虫剂	≤2.5	
六六六	杀虫剂	≤0.2		阿波罗	杀螨剂	≤1.0	
倍硫磷	杀虫剂	≤0.05		氟氰戊菊酯	杀螨剂	≤0.5	
甲拌磷	杀虫剂	不得检出		克菌丹	杀菌剂	≤15.0	
杀螟硫磷	杀虫剂	≤0.5		敌百虫	杀虫剂	≤0.1	
敌敌畏	杀虫剂	≤0.2		亚胺硫磷	杀虫剂	≤0.5	
对硫磷	杀虫剂	不得检出		苯丁锡	杀螨剂	≤5.0	△
乐果	杀虫剂	≤0.1		除虫脲	杀虫剂	≤1.0	△
马拉硫磷	杀虫剂	不得检出		代森锰锌	杀菌剂	≤3.0	△
辛硫磷	杀虫剂	≤0.05		克螨特	杀螨剂	≤5.0	△
百菌清	杀菌剂	≤1.0		噻螨酮	杀螨剂	≤0.5	△
多菌灵	杀菌剂	≤0.5		三氟氯氰菊酯	杀虫剂	≤0.2	△
二氯苯醚菊酯	杀虫剂	≤2.0		三唑锡	杀螨剂	≤2.0	△
乙酰甲胺磷	杀虫剂	≤0.5		丁硫克百威	杀虫剂	≤2.0	△
甲胺磷	杀虫剂	不得检出		杀螟丹	杀虫剂	≤1.0	△
地亚农	杀虫剂	≤0.5		乐斯本	杀虫剂	≤1.0	△
抗蚜威	杀虫剂	≤0.5		双甲脒	杀螨剂	≤0.5	△
溴氰菊酯	杀虫剂	≤0.1		溴螨酯	杀螨剂	≤5.0	△
氰戊菊酯	杀虫剂	≤0.2		异菌脲	杀虫剂	≤10.0	△
呋喃丹	杀虫剂	不得检出		甲霜灵	杀菌剂	≤1.0	△
水胺硫磷	杀虫剂	≤0.02	△	杀扑磷	杀虫剂	≤2.0	△
喹硫磷	杀虫剂	≤0.5	△	灭多威	杀虫剂	≤1.0	△
草甘膦	除草剂	≤0.1		粉锈宁	杀菌剂	≤0.2	△
百草枯	除草剂	≤0.2	△				

注：备注中"△"为个别水果的标准限量。

第二部分

土壤管理配套技术

土壤管理就是要把树体周围的生土变成熟土，把肥力差的土壤变成肥力好的土壤，提高土壤肥力；把天然降水保持在果园内，改善树木生长的土壤、水分环境，提高土壤生产力。通过土壤管理，保持土壤疏松，有利于增加土壤透气性和保墒能力，加速土壤养分分解，防止土壤板结，还有利于控制病虫害。所以，土壤管理是提高经济林产量的主要措施之一。土壤管理主要包括深翻扩盘、除草松土、培土等。

第一章　深翻扩盘

第一节　深翻扩盘的季节

不同季节深翻效果不同。深翻改土在春、夏、秋季都可进行。秋翻一般在果园采收后至晚秋进行，也可结合秋施基肥进行，此时地上部生长已缓慢，翻后正值根系第三次生长高峰，伤口容易愈合，同时能刺激新根的生长，翻后灌水可使土壤下沉，有利于根系生长，深翻后经过冬季，有利于土壤风化和积雪保墒，土壤经过一冬的踏实，还有利于来年根系和地上部的生长，故这是有灌溉条件椒园较好的深翻时期。春翻在土壤解冻后要及早进行。这时地上部尚处在休眠期，根系刚刚开始活动，受伤根容易愈合和再生。北方春旱严重，深翻后树木即将开始旺盛的生命活动，须及时灌水，才能收到良好的效果；夏翻要在雨季降第一场透雨后进行，特别是北方一些没有灌溉条件的山地，翻后雨季来临，可使根系和土壤密结，效果比较好。

第二节　深翻扩盘的方法

土壤翻耕方法有深翻和浅翻两种。

一、深翻法

适用于平地核桃园或面积较大的核桃梯田地。其方法：每年或隔年沿着大量须根分布区的边缘向外扩宽40～50厘米，其深度为60厘米左右，比根系主要分布层稍深为宜，挖成围绕树干的半圆形或圆形沟。土壤深翻的深度与立地条件、树龄大小及土壤质地有关，一般为50～60厘米左右，土层薄的山地，下部为半风化的岩石或土质较黏重的要适当深一些，否则可浅一些。把其中的沙石、生土掏出，填入表层熟土和有机质，这样逐年扩大，至全园翻完为止。翻耕时可在深秋、初冬季结合施肥或夏季结合压绿肥、秸秆进行，分层将基肥和绿肥或秸秆埋入沟内。深耕时注意不要伤根过多，尤其是粗度在1厘米以上的根。可以采用以下方法：

1.隔行或隔株深翻。先在一个行间深翻留一行不翻，第二年或几年后再翻未翻过的一行。若为梯田，一层梯田一行树。可以隔2株深翻株间土壤。这种方法，每次深翻只伤半面根系，可避免伤根太多对树木生长不利。

2.内半部深翻。山地梯田，特别是较窄的梯田，外半部土层较深厚，内半部多为硬土层，深翻时只翻内半部，从梯田的一头翻到另一头，把硬土层一次翻完。

3.全园深翻。除树盘下的土壤不翻外，一次全面深翻。这种方法一次完成，便于机械化施工和平整土地，容易伤根，多用于幼龄椒园。

4.带状深翻。主要用于宽行密植的果园。即在行间自树冠外缘向外逐年进行带状深翻。不论何种深翻方法，其深度应根据地形，土壤性质而定。深翻时表土与底土上下置换，以利熟化。

二、浅翻法

适用于土壤条件较好或深翻有困难的地方。其方法：有人工挖刨和机耕等。每年春、秋季进行1～2次，深度为20～30厘米。可以树干为中心，在2～3米半径的范围内进行。

第二章　松土除草

在树木生长发育过程中，从幼树定植后的第二年就应开始中耕除草，以减少杂草和果树互相争夺水分和养分。

除草的方法有三种：中耕锄草、覆盖除草和药剂除草，其中以覆盖除草效果最好。树下秸秆覆盖是比较理想的管理制度，行间绿肥最好每年深翻一次，重新播种，树下则以2～3年深耕一次重新覆盖为好。

第一节　中耕除草

在果树生长季节里，及时进行中耕除草，可以疏松土壤，保墒抗旱，减少土壤水分蒸发，防止土壤板结和杂草滋生。中耕除草常因树龄、间种作物种类、天气状况等而不同，一般进行第一次锄草和松土应在杂草刚发芽的时候。锄草松土的时间越早，以后的管理工作就越容易。第二次松土除草应在6月底以前，因为这时候是幼树生长最旺盛的季节，同时也是杂草繁殖最快的时期。松土锄草时要注意不要损伤幼树的根系。在幼树栽后的2～3年内，特别要重视锄草松土，在杂草多、土壤容易板结的地方，每次降雨或灌溉后，就应松土一次。所以中耕除草的次数，还要按照当地具体情况而定，特别是春旱时，以及灌水或降雨后，均应及时中耕。实行林粮间作的果园，中耕的次数和时间，还应根据间种作物的需要及时调整。

第二节　覆盖法除草

北方果区，春季干旱，对新梢生长和开花坐果影响很大。此时，若无灌溉条件，防旱保墒显得尤为重要。防旱保墒的措施很多，除整修梯田、深翻改土、加厚土层、中耕除草以外，一些管理较好的果园，采用地面覆盖的办法，避免阳光对椒园地面的直接照射，可以有效地减少地面蒸发，收到良好的抗旱保墒效果。

地面覆盖以覆草效果较好，覆草一般可用稻草、谷草、麦秸、绿肥、山地野草等。覆盖的厚度为5厘米左右，覆盖的范围应大于树冠的范围，盛果期则需全园覆盖。覆盖后，隔一定距离压一些土，以免被风吹走，等到果实采收后，结合秋耕将覆盖物翻入土壤中，然后重新覆盖或在农作物收获后，再把所有的庄稼秸秆打碎铺在地里，使其腐烂，以增加土壤有机质，改善土壤结构。腐烂前，秸秆铺地，还能防止杂草滋生。据资料介绍，地面上覆盖一层厚厚的作物秸秆，夏季土壤温度比不覆盖的要低，就可避免果树遭受日灼。在所有的除草方法里，覆盖秸秆除草是最好的一种方法，应该大力提倡。

第三章 果园间作、花椒培土及蓄水保墒

第一节 合理间作

合理间作可以熟化土壤，改良土壤结构，提高保水保肥能力，减少病虫；覆盖土壤，可防止土壤冲刷，减少杂草危害，增加土壤腐殖质和提高土壤肥力，进而达到增强树势、提高产量的目的。同时可以合理利用土地，达到"以园养田""以短养长"的目的。

优良的间种作物应具备下列条件：

1.生长期短，吸收养分和水分较少，大量需水、需肥时期和果树的季节不同。

2.植株较矮小，不致影响果树的光照条件。

3.能提高土壤肥力，病虫害较少。

4.间种作物本身经济价值较高。

常见的种类有：

1.豆类。适于间作的豆类作物有花生、绿豆、大豆、红豆等。这类作物一般植株较矮，有固氮作用，可提高土壤肥力，与树争肥的矛盾较小。

2.薯类。主要为马铃薯。马铃薯的根系较浅，生长期短，且播种期早，与果树争肥的矛盾较小，只要注意增肥灌水，就可使二者均能丰收。

3.蔬菜类。蔬菜耕作精细，水肥较充足，对果树较为有利。但秋季种植需肥水较多或成熟期晚的菜类，易使果树延长生长，对果树越冬不利，会造成新梢"抽干"或枯死，同时容易加重浮尘对果树枝条的危害。因此，间作蔬菜时应加以注意。

4.种植绿肥。间种绿肥是经济利用土地、解决果园有机肥料的好方法，也是改善土壤结构、提高土壤肥力、减少土壤侵蚀的一种土壤管理措施。绿肥压青或刈割的时期，应掌握鲜草产量最高和肥分含量最高时进行，时间过早，鲜草产量低；时间过晚，植株老化，腐烂分解难。一般来说，以初花期和盛花期压青或刈

割为宜。

千万不能间作套种小麦等夏粮作物，因为夏粮作物与果树在春旱季节争水争肥，尤其是水分竞争，直接影响造林成活率和幼树生长。

第二节 花椒培土

花椒易受冻害，特别是主干和根茎部，是进入休眠期最晚而结束休眠最早的部位，抗寒力差。所以，在北方比较寒冷的地方需进行主干培土，以保护根茎部安全越冬。培土用的土壤，最好是有机质含量较高的山坡草皮土，翌年春季把这些土壤均匀地撒在园田，可增厚土层，改良土壤结构，增强保肥蓄水能力，这是一项以土代肥、简而易行的增产措施。每年进行培土的椒园，树势生长健壮，产量也高。据统计，连年培土的椒园平均增产26.2%。

坡地和沙地培土可以加厚土层，提高土壤保肥蓄水能力，在寒冷季节可以提高土温，减少根系冻害。因水土流失或风蚀而使耕作层变浅，根系裸露的椒园，培土效果更为显著。根据农民培土的经验，坡地培土如同施肥，培一次土，有效作用可达3～4年。

第三节 蓄水保墒

山地梯田或坡地，地面有一定坡度，水土流失较严重，尤其大暴雨过后，会冲走大量肥沃土壤中的有机质，严重时可使根系外露，树势减弱，产量下降。蓄水保墒、节水抗旱是旱地果园早期丰产的关键。

其具体措施：

1.修梯田。梯田是山地果园最好的水土保持工程。

2.挖撩壕。此法既可减少地表径流，蓄水保土，又可增加坡面的利用面积。可修筑蓄水坑，收集雨雪。要求树坑大小适宜、牢固，不被雨水冲垮。上沿开放，利于收集雨水。冬季下雪后，把果园周围的积雪担运到树盘内，以满足春季树体萌芽生长所需水分。

3.挖鱼鳞坑。在坡度较陡的山坡上，可按等高线挖鱼鳞坑，拦蓄水土。

第四章　灌溉与排水

第一节　灌　水

一般南方年降水量600～800毫米，且分布比较均匀的地区，基本上可以满足果树生长发育对水分的要求，不需要灌水。北方地区年降水量多在500毫米左右，且分布不均，常出现春旱和夏旱，需要灌水补充降水的不足。具体灌水时间和次数应根据当地气候、土壤和水源条件而定，一般在以下3个时期需要灌水。

一、萌芽前后

3～4月，果树开始萌动，发芽抽枝，此期物候变化快而短，几乎在1个月的时间里，需完成萌芽、抽枝、展叶和开花等生长发育过程，此时又正值北方地区春旱少雨时节，应结合施肥灌水，此次灌水称为萌芽水。

二、开花后和花芽分化前

5～6月，雌花受精后，果实进入迅速生长期，其生长量约占全年生长量的80%，到6月下旬，雌花芽开始分化，这段时期需要大量的养分和水分供应，尤其在硬核期（花后6周）前，应灌1次透水，以确保果仁饱满。

三、采收后

10月末至11月初落叶前，可结合秋季施基肥灌1次水，不仅有利于土壤保墒，而且可促进厩肥分解，增加冬前树体养分贮备，提高幼树越冬能力。在有灌溉条件的地方，封冻前如能再灌1次封冻水则更好。

四、封冻水

花椒根系较浅，冬季常发生冻害。灌足越冬水，可以增强树体抗寒越冬能力。

第二节　排　水

果树对地表积水和地下水位过高比较敏感，应及时进行排水。

降低地下水位和排水的主要方法有：

1.修筑台田。在低洼易积水地区，可修筑台田，台面宽8～10米，高出地面1～1.5米，台田之间留出深1.2～1.5米、高1.5～2米的排水沟。

2.降低水位。在地下水位较高的地区，可挖深沟降低水位。根据果树根系的生长深度，可挖深2米左右的排水沟，使地下水位降到地表1.5米以下。

3.排除地表积水。在低洼易积水地区，可在周围挖排水沟，既可阻止园外水流入，又可排除园内地表积水。

4.机械排水。如面积不大，积水量也不多，可利用排水机泵进行排水。

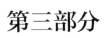

第三部分

科学施肥配套技术

施肥是保证树体生长发育正常和达到优质高产稳产的重要措施。它不但可直接供给养分，而且可以改善土壤的组成和结构，促进幼树的根系发育、花芽分化和提早结果。随着树龄的增加需肥量增大，若供肥不足或不及时，树体营养物质的积累和消耗失去平衡，影响树体生长，致使花量减少，落果严重，果小、品质差，产量下降。

第一章 营养元素对树体的生理作用

第一节 氮

氮素是叶绿素、蛋白质等的组成成分，在不施氮肥的果园中，均会发生缺氮症。一般缺氮的植株，叶色变黄，枝叶量小，新梢生长势弱，落花、落果严重。长期缺氮，则萌芽、开花不整齐，根系不发达，树体衰弱，植株矮小，树龄缩短。这些缺氮的植株一旦施入氮肥，产量会大幅度上升，但在施氮的过程中，还得配合施入适量的磷、钾和其他微量营养元素。氮素过剩还会引起新梢徒长，枝条不充实，幼树不易越冬，结果树落花、落果严重，果实品质降低。

第二节 磷

磷素主要分布在植物生命活动旺盛的器官，多在新叶及新梢中。磷在植物体内容易移动。磷素不足，使叶片由暗绿色转为青铜色，叶缘出现不规则的坏死斑，叶片早期脱落，花芽分化不良，延迟萌芽期，降低萌芽率。磷素过剩则影响氮、钾的吸收，使叶片黄化，出现缺铁症状。因此，施用磷肥时要注意与氮、钾肥的比例。

第三节　钾

适量的钾素可促进果实肥大和成熟，提高幼树的抗寒越冬能力，提高果实品质。缺钾的树叶在初夏和仲夏则表现为颜色变灰发白，叶缘常向上卷曲，落叶延迟，枝条不充实，耐寒性降低。钾素过多，会使氮的吸收受阻，也影响到钙、镁离子的吸收。

第四节　锌

锌元素是某些酶的组成成分。缺锌果实易萎缩，叶片出现黄化，节间短，枝条顶部枯死。若灌水频繁、伤根多、重剪、重茬种植等，易发生这种症状；沙地、盐碱地及瘠薄山地果园易发生这种现象。因此，加强果园管理，调节各营养元素的比例，是解决缺锌症的有效措施。

第五节　锰

适量的锰可提高维生素C的含量，可满足树体正常生长的需要。缺锰叶绿素含量降低，使褪绿现象从主脉处向叶缘发展，叶脉间和叶脉发生焦枯的斑点，叶片早期脱落。

第六节　铁

缺铁时，植株易出现整株黄化，幼叶比基部叶严重，叶面呈白色和乳白色；更严重时，叶片出现棕褐色的枯斑或枯边，有的叶片枯死脱落。缺铁失绿症在盐碱地发生较多，栽培上应通过多施有机肥，调整土壤的pH值加以克服。

第七节 硼

硼能促进花粉发芽和花粉管的生长，对子房发育也有作用。缺硼时，树体生长迟缓，枝条纤弱，节间变短，枯梢，小枝上出现变形叶，花芽分化不良，受精不正常，落花、落果严重。大量施用有机肥改良土壤，可以克服缺硼症。

果树的生长发育需要多种营养元素，某种元素的增加或减少，会导致元素间的比例关系失调，所以肥料不能单一施用，既施无机肥，也要施有机肥、复合肥，同时应注意各元素间的比例关系。各种元素各需多少，应根据土壤类型、树势强弱、肥料的种类与性质来确定。

第二章　果树发育期的需肥量

施肥量要根据土壤肥力、生长状况、肥料种类及不同时期对养分的需求来确定。一般来说，幼树应以施氮肥为主，成年树应在施氮肥的同时，增施磷肥和钾肥。

一、幼龄期

营养生长旺盛，主干的加长生长迅速，骨干枝的离心生长较强，生殖生长尚未开始。此期每株年平均施氮50～100克，磷20～40克，钾20～40克，有机肥5千克，氮∶磷∶钾比例为2.5∶1∶1，即可满足树体对氮、磷、钾的需求。

二、结果初期

营养生长开始缓慢，生殖生长迅速增强，相应磷、钾肥的用量增大，此期每株年施入氮200～400克，磷100～200克，钾100～200克，有机肥20千克，氮∶磷∶钾的比例为2∶1∶1，这种比例有利于树体的吸肥平衡。

三、盛果期

此期时间较长，营养生长和生殖生长相对平衡，树冠和根系达到最大程度，枝条开始出现更新现象。此期需加强综合管理，科学施肥灌水，以延长结果盛期，取得明显效益。这一时期要加大磷、钾肥的施入量，每株年施入氮600～1200克，磷400～800克，钾400～800克，有机肥50千克，氮∶磷∶钾的比例为3∶2∶2。随着树龄的增大，可适当加大磷、钾肥的施入量。同时要根据树叶内含有的营养元素配合施入微量元素。

另外，早实核桃与晚实核桃的施肥量标准略有不同：

1.晚实核桃类。按中等土壤肥力和树冠垂直投影面积1平方米计算，结果前

1～5年，每株年施肥量为氮肥50克，磷、钾肥各10克，并增施农家肥5千克。进入结果期以后的6～10年内，每株年施肥量为氮肥50克，磷、钾肥各20克，并增施农家肥5千克。

2.早实核桃类。一般1～10年生树，每株年施肥量为氮肥50克，磷、钾肥各20克，并增施农家肥5千克。成年树施肥量，可根据幼树的施肥量来确定，但应适当增加磷、钾肥的用量。施肥量可参考表2-1。

表2-1　核桃树施肥量标准

时　　期	树龄（年）	每株树平均施肥量（有效成分）（克）			有机肥（千克）
		氮	磷	钾	
幼树期	1～3	50	20	20	5
	4～6	100	40	50	5
结果初期	7～10	200	100	100	10
	11～15	400	200	200	20
盛果期	16～20	600	400	400	30
	21～30	800	600	600	40
	>30	1200	1000	1000	>50

需肥量因立地条件而不同。一般来讲，山地、沙地土壤瘠薄，易流失，施肥量大，应以多次少量的施肥法加以弥补；土质肥沃的平地园，养分释放潜力大，施肥量可适当减少，也可集中几次施入，适当减少施肥次数。成土母岩不同，含有元素也不一样。如片麻岩分化的土壤，云母量丰富，一般不用施磷、钾肥；由辉石、角闪石分化的土壤，一般锰、铁元素较多。因而，要根据成土母岩的不同，选择肥料要有所侧重。加之，不同土壤酸碱度、地形、地势、土壤温度和土壤管理，对施肥量、施肥方法也均有影响。因此，正确的施肥方法应做好园地土壤普查，根据土壤肥力状况决定园内肥料的施入量，做到肥料既不过剩又经济有效地被利用。

第三章　肥料种类和使用

第一节　肥料种类

常用的肥料可分为有机肥和无机肥，现将各类肥料的种类及其有效成分介绍如下，供确定施肥量时参考。

一、有机肥料

主要有厩肥、人粪尿、畜禽粪、绿肥等。有机肥料含有多种营养元素（见表3-1），属于完全肥料，肥效长，而且有改良土壤、调节地温的作用。

表3-1　各种有机肥料的氮、磷、钾含量（%）

名　称	氮（N）	磷（P_2O_5）	钾（K_2O）	状　态
人粪	1.04	0.36	0.34	鲜物
人尿	0.43	0.06	0.28	鲜物
人粪尿	0.50～0.80	0.20～0.40	0.20～0.30	腐熟后鲜物
猪厩肥	0.45	0.19	0.60	腐熟后鲜物
马厩肥	0.58	0.28	0.63	腐熟后鲜物
牛厩肥	0.45	0.23	0.50	腐熟后鲜物
羊厩肥	0.83	0.23	0.67	腐熟后鲜物
混合厩肥	0.50	0.25	0.60	腐熟后鲜物
土粪	0.12～0.58	0.12～0.68	0.12～0.53	风干物
普通堆肥	0.40～0.50	0.18～0.20	0.45～0.70	鲜物
高温堆肥	1.05～2.00	0.30～0.80	0.47～0.53	鲜物
鸡粪	1.63	1.54	0.85	鲜物
家禽粪	0.50～1.50	0.50～1.50	0.50～1.50	鲜物

二、无机肥料

通称化肥。根据所含营养元素可分为以下4类。

1.氮素肥料。主要有硝酸铵、碳酸氢铵、尿素等。

2.磷素肥料。主要有过磷酸钙、磷矿粉等。

3.钾素肥料。主要有硫酸钾、氯化钾、草木灰等。

4.复合肥料。含有两种以上营养元素的肥料。主要有硝酸磷、磷酸二氢钾、果树专用复合肥等。

化肥一般养分含量较高（见表3-2），速效性强，使用方便。但是，这些肥料不含有机质，长期单独使用会影响土壤结构，故应与有机肥配合使用。

表3-2　几种化学肥料养分含量及主要性质

名　称	养分含量（%）	主要性质	主要用途和注意事项
碳酸氢铵	含氮17	白色细粒，结晶易挥发	追肥
硫酸铵	含氮20.5~21	白色晶体，易吸湿结块	追肥
尿素	含氮45~46	白色结晶，易溶于水	追肥要提前，施后两天不灌水
过磷酸钙	含五氧化二磷16~18	灰白色具有吸湿性，易被土壤固定	基肥，追肥要集中施用，与有机肥混用

第二节　施肥时期

根据树体生长发育的特点、肥料的性质以及土壤中营养元素和水分变化的规律确定施肥期。

一、掌握好需肥期

需肥期与物候期有关。养分在树体中的分配，首先满足生命活动最旺盛的器官，萌芽期新梢生长点较多，花器官中次之；开花期花中最多，坐果期果实中较多，新梢生长点次之；在整个1年中，开花坐果需要的养分最多。因此，在花期前适当施肥，既可满足树体对肥料的需求，又可减轻生理落果，同时也可缓解幼果与新梢加长生长竞争养分的矛盾。开花后，果实和新枝的生长仍需要大量的氮、磷、钾肥，尤其是磷、钾肥，因此需注意补充供肥。

二、根据肥料性质掌握施肥期

易于流失挥发的速效性或施后易被土壤固定的肥料，宜在树体需肥期稍提前施，如碳酸氢铵、过磷酸钙。迟效性肥料像有机肥需经过腐烂分解后才能被树体吸收，应提前施入。这些肥料多作为基肥，一般在采果后至落叶前施入，最迟也应在封冻前施入，早施更好，可以增加树体养分贮备积累，促进根系生长，增强越冬抗性。速效性肥料一般做追肥和叶面喷肥，如在核桃开花前，追施硝酸铵、尿素、碳酸氢铵和腐熟人粪尿，可以明显促进保花保果。花期后追施氮、磷肥，可以有效地防止生理落果。

三、根据土壤中营养元素和水分的变化确定施肥期

土壤中营养元素受到成土母岩、耕作制度和间种作物等的影响，如间作豆科作物，春季氮被吸收，到夏季则因根瘤菌的固氮作用而增加，后期则可不施氮肥或少施氮肥。土壤干旱时施肥有害无利，多雨的秋天在北方施肥，尤其是氮肥，易发生肥料淋失，同时造成秋梢旺长，影响幼树越冬。

总之，施肥的时期要掌握准确与适宜，每年施3～4次为好。3月施追肥，6月补施第2次追肥，果实采摘后至落叶前施基肥。但要注意无机肥和有机肥的配合施用，以满足树体对氮、磷、钾、钙、硫及锌、铁、硼、锰、镁等多种元素的吸收利用。

第三节　施肥方法

一、基肥和追肥

1.基肥。基肥是一年中较长时期供应养分的基本肥料，通常以迟效性的有机肥料为主，如腐殖酸类肥料、堆肥、圈肥、绿肥以及作物秸秆等。肥料施后，可以增加土壤有机质，改良土壤结构和提高土壤肥力。基肥中也可混施部分速效氮素化肥，以增加肥效。过磷酸钙、骨粉直接施入土壤中常与土壤中的钙、铁等元素结合，不易被果树吸收。为了充分发挥肥效，宜将过磷酸钙骨粉与圈肥、人粪尿等有机肥堆积腐熟，然后作基肥施用。

施基肥最适宜的时期是秋季，其次是落叶至封冻前，以及春季解冻后到发芽前。因为秋施基肥能有充分的时间腐熟和供果树在休眠前吸收利用。这时根正处于生长高峰期，根的吸收能力较强，可以增加树体的营养贮备，满足春季发芽、开花、新梢生长的需要。

2.追肥。追肥又叫补肥，即在施基肥的基础上，根据果树各物候期的需肥特

点补给肥料，保证当年丰产并为来年丰产奠定基础。

果树在年周期中，生长结果的进程不同，追肥的作用和时期也不同。通常分以下阶段进行：

（1）花前追肥。主要是对秋施基肥数量少和树体贮藏营养不足的补充，对果穗增大、提高坐果率、促进幼果发育都有显著作用。

（2）花后追肥。主要是保证果实生长发育的需要，对长势弱而结果多的树效果显著。此期追加的肥料种类要依具体情况而定，对树体内氮素营养水平高、树势健壮的植株，可以少施速效氮肥。反之，应追施足够数量的氮肥。同时要追施磷、钾肥，这样既有利于果实的生长发育，提高当年的产量，又有利于花芽分化，从而保证来年的产量。

（3）花芽分化前追肥。花芽分化前追肥，对促进花芽分化有明显作用。此期追肥应以氮、磷肥为主，配合适量钾肥。对初结果和大龄树，为了增加花芽量，克服大小年，主要在此期追肥。花芽分化前追肥除能促进花芽分化外，还有利于果实的发育。

追肥要把握的原则：

（1）适当追施氮肥。春季芽子萌动以后，树体呼吸强，生理活动旺盛，生长快，尤其是大量结实的植株需要的养分较多，因而一定要在春季萌动前追施速效性氮、磷肥。施肥量应占全年追肥量的50%。5、6月以后，果实快速发育，花芽开始分化，果实发育的大小和花芽分化的质量与数量，取决于养分的消耗和积累之间是否平衡。因此，6月应抓好追施氮肥和灌水，此时追肥量为全年追肥量的30%。进入7月以后，花椒树不再追肥，核桃、柿子此时追施应以速效性磷肥为主，并辅以少量的氮、钾肥，其追肥量为全年追肥量的20%。

（2）因地追氮。对瘠薄地适当追施速效氮肥，可以明显地提高树体光合作用的能力，起到"以氮增碳"的作用，还能促进根系的生长，提高根系的吸收能力，有利于花芽的形成。因此，增施氮肥是瘠薄地果园壮树成花、形成产量的有效措施。保肥力差的山坡瘠薄地，养分随水淋失严重，肥料的有效期更短，因此追肥应勤施少施，雨季后可少量追施氮肥以弥补淋溶损失。碱性土壤，土壤中有效磷含量普遍较低，果树因缺磷常有枝细芽秕、不易成花的现象，这类土壤追磷肥（土施或根外追肥），对早结果和丰产是不可缺少的，最好与富含养分的优质有机肥混合施入。

（3）因树追肥。所有树体长势不同、花果量不同，施肥的目的也就不同，因而施肥的时期也不应相同。生长较弱的树，包括"小老树"，为了加强枝叶生长，最好在萌芽前，新梢的初长期分次追肥，结合灌水，促进新梢生长，使弱枝转强。生长旺而花少、徒长不结果的树，为了缓和枝叶过旺生长，促进短枝花芽分化，应当避开旺长期，以秋梢停长期（8月末9月初）为主，春梢停长期（6月上中旬）为辅。春梢停长期，追施氮肥时，注意用水不能过大，以免刺激过早过旺地生长秋梢。施肥种类上也应因树制宜加以调节。

二、施肥方法

土壤施肥方法分全园施肥和局部施肥。局部施肥根据施肥的方式不同又分环状施肥、放射沟施肥和条沟施肥等（见图3-1）。

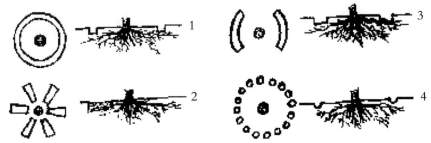

1.环状施肥；2.放射状施肥；3.条状施肥；4.穴状施肥

图3-1　施肥方法示意图

1.全园施肥。适于成年树和密植园施肥。将肥料均匀撒于园地，然后再翻入土中，深度20厘米左右。一般结合秋耕和春耕进行。全园施肥深度浅，易导致根系上返，降低抗旱性。

2.环状施肥。以树干为中心，在树冠周围挖一环状沟，沟宽20～50厘米，深度要因树龄和根的分布范围而异。幼树在根系分布的外围挖沟时，沟可深些；大树根系已扩展得很远，在树冠外围挖沟，一般以深20～30厘米为宜，以免伤根过多。挖好沟以后，将肥料与土混匀施入，覆土填平，幼龄树根系分布范围小，多采用此法施肥。每年随根系的扩展，环状沟相应扩大。这种施肥也可以与扩穴结合进行。

3.放射状施肥。根据树冠大小，距树干1米左右处开始向外挖放射沟6～10条。沟的深度、宽度与环状沟相同，但须注意内浅外深，避免伤及大根。沟的长度可到树冠外围。沟内施肥后随即覆土。每年挖沟时，应变换位置。

4.条状施肥。在果树行间开沟，施入肥料。也可结合果园深翻进行。

5.穴状施肥。施肥前，在树冠投影的2/3以外，均匀地挖若干个小穴，穴的直径50厘米左右，然后将肥料施入，用土覆盖。

另外还有干部注射施肥和根部冲刺（水溶）施肥等。

在选定施肥方法的同时，还要根据具体情况确定施肥的部位和深度。

局部施肥多施在树冠外缘以外。施肥可以诱导根系向施肥的位置生长，这是因为施肥部位养分多，同时施肥时挖起土壤，使土壤空气和湿度得到局部改善，幼树一般在树冠稍远处施肥，以诱导根系向外扩张，由于施肥可诱导根系的分布，有经验的果农常采用环沟和放射沟交替施肥，或今年东西挖沟，明年南北挖沟，注意变化施肥的位置。

施肥的深度要从多方面考虑。要根据大量须根的分布深度来确定。施肥深度还要考虑肥料的种类和性质。不易移动的磷、钾肥应深施，而容易移动的氮肥应浅施。氮素化肥可浅施，有机肥宜深施。如为了引根向下，可以与深翻改土结合施肥。

第四节　应注意的几个问题

一、施肥后灌水的时间

施肥后灌水时间的早晚对肥效影响很大。需要及时灌水的肥料是铵态氮肥和农家肥。碳酸氢铵是速效氮肥，极易挥发，若施后不及时覆土灌水，有效成分就会挥发浪费掉。农家肥含有大量的微生物，这些微生物需要在一定的湿度条件下繁殖，分解有机质，使其有效地释放养分。因此，农家肥施入后，也要及时灌水。而施入尿素后，却要推迟灌水，因尿素中的酰胺态氮不能被树体利用，须在尿酶的作用下转化为碳酸氢铵后才能被吸收。如果浇水过早，则会随水流失，浇水的时间应推迟5～7天。

二、农家肥要腐熟后再施

家畜肥中的养分以复杂的有机物形式存在，不能被树体吸收，必须把秸秆、家畜粪肥堆沤起来，发酵腐熟后，才能产生各种有效成分，同时利用高温发酵过程，杀死有机物中存在的寄生虫、草籽和危害性腐生物。如果不充分腐熟，施入树体根部，则秸秆、粪肥的高温发酵会使树体根系受到伤害，从而产生副作用。

三、肥料的相合相克

骡马粪和过磷酸钙、磷矿粉混合后会使有效磷增加，从而提高肥效。钙镁磷肥不能和氨态氮肥如硫酸铵、碳酸氢铵等混合，否则会使铵分解而失效。等量的17%的碳酸氢铵和19%的钙镁磷肥混合施用后，也不能同硫酸铵等铵态氮肥混合，以免草木灰中的有效钾与氮肥中的氨态氮中和而失效。

四、施肥要分土壤类型

沙地土壤松散，结构不良，有机质含量低，容易干旱，单施化学肥料最易流失，施肥时要以有机肥为主，配合化肥施入，逐渐改良土壤。黏土地土壤黏重，质地细密，通透性差，持水力强，有机质含量也较高，应施入有机肥，改善土壤物理性状，提高微生物的活性。另外，在施入有机肥的过程中可适当掺沙，比单施有机肥效果好。盐碱地、排水不良的涝湿地以及酸性较重的土壤和不易灌溉的干旱地不宜使用氯化铵，以免氯离子中毒，出现叶片焦边、根毛死亡。

五、要掌握施肥深浅

有机肥应深施，施肥的部位一般在20～25厘米的土层内，核桃树要相对深一些。磷在土壤中移动距离很短，极易被土壤固定，磷肥施入深度应掌握在根系分布最多的部位，同时配合农家肥，利用有机肥的溶解作用，提高有效磷的利用率。多数氮肥能在土中随土壤水分扩散，施入的深度要求不十分严格，但不能太浅，否则根系随肥上返，就会降低树体的抗旱能力。

第四章 根外追肥

主要分为干部注射和叶面喷肥。干部注射，树干吊针施肥，也是根外追肥的一种，是大树特殊时期用的方法，经济林使用较少。本章主要讲叶面喷肥。将肥料喷到叶上或枝上，这种方法称为根外施肥。根外施肥的优点：①干旱、缺雨，又无灌溉条件的情况下，不宜土壤追肥时，可以根外追肥。②肥效快，叶面追肥2小时后即可被吸收利用，而且在各类新梢中的养分分布比根部施肥均匀，对弱枝更为有利。③易被土壤固定的元素如磷、钾、铁、锌、硼等，用叶面追肥的方法效果快而节省肥料。④叶面追肥可以结合喷药进行，节省劳力。⑤间种作物，土壤施肥不便时，可以进行叶面追肥。根外追肥虽有许多优点，但只能作为土壤施肥的补充，大部分的肥料还是要通过土壤施肥供应。

根外追肥可提高叶片的光合强度。喷后2天即可在外观上显示出叶片对肥料的反应，光合能力增强，光合产物增加。

在开花坐果期及果实膨大期，难以用土壤施肥时，采用叶面喷肥可大大提高产量。具体做法：花期前，4月中旬喷施0.3%～0.5%尿素与0.3%磷酸二氢钾的混合水溶液，或0.3%～0.5%的尿素水溶液一次，或间隔5～7天再喷施1次；枝条再度生长期，7月中下旬至8月上旬按上述方法重复喷肥，即能收到增产的效果。

实施叶面喷肥，水溶液中的含肥量一般不要超过0.5%（见表4-1）。喷肥时间最好选在傍晚或清晨，以免气温高，溶液很快浓缩，影响喷药效果，从而导致叶片受害。根外追肥施用的肥料种类很多，实践证明，以尿素和磷酸二氢钾效果较好。

喷肥宜在上午10点以前和下午3点以后进行，阴雨或大风天气不宜喷肥。注意叶面喷肥不能代替土壤施肥，二者结合才能取得良好效果。实际应用时，尤其在混用农药时，应先做小规模试验，以避免发生药害造成损失。

表4-1　叶面喷肥时期及浓度

肥料种类	喷肥时期	喷肥浓度（%）
尿素	生长期	0.3～0.5
磷酸二氢钾	生长期	0.3～0.5
硼砂	开花期	0.5～0.7
硫酸锌	发芽期	0.5～1.5
硫酸亚铁	5～6月	0.2～0.4
硫酸钾	7～8月	0.4～0.5

第五章　微肥施用

通常当土壤中缺乏某种微量元素或土壤中的某种微量元素无法被植物吸收利用时，树体常常出现相应的缺素症，应及时施微肥防治。常见的缺素症及其防治方法：

一、缺锌症（小叶病）

该症表现为生长季节开始出现叶小且黄，卷曲；严重缺锌时，全树叶子小而卷曲，枝条顶端枯死。有的早春表现正常，夏季则部分叶子开始出现缺锌症状。

防治方法：①在叶片长到约3/4大时，喷施浓度为0.3%～0.5%的硫酸锌，隔15～20天再喷1次，共喷2次，其效果可维持几年。②于深秋，依树体大小，将定量硫酸钾施于距树干70～100厘米处、深15～20厘米的沟内。

二、缺硼症

该症主要表现为树体生长迟缓，枝条纤弱，节间变短，枝梢发枯，小叶叶脉间出现棕色小点，小叶易变形，幼果易脱落。

防治方法：于冬季结冻前，土壤施用硼砂1.5～3千克，或喷布0.1%～0.2%的硼酸溶液。应注意，硼过量也会出现中毒现象，其树体表现与缺硼相似，要注意区分。

三、缺锰症

该症在初夏和中夏开始显现叶片失绿症，具有独特的叶脉之间浅绿色，在主侧脉之间从主脉处向叶缘发展，叶脉间和叶缘发生焦枯斑点，造成叶片容易早落。

防治方法：用0.5千克硫酸锰加水25千克，于叶片接近停止生长时喷施。

四、缺铜症

常与缺锰症同时发生，主要表现为核仁萎缩；叶片黄化早衰，小枝表皮出现黑色斑点，严重时枝条枯死。

防治方法：在春季展叶后，喷波尔多液，或距树干约70厘米处开20厘米深的沟，施入硫酸铜，或直接喷施0.3%～0.5%的硫酸铜溶液。

五、缺铁症

叶子很早出现黄化，整株叶子出现黄化，顶部叶子黄化比基部叶子严重。一些严重褪绿的叶子可呈白色，发展成烧焦状，提早脱落。

防治方法：叶面喷施0.2%的硫酸亚铁溶液，生长前期7～10天喷1次，连续喷3～4次。为了增强叶片对铁的吸收，喷施硫酸亚铁时可加入少量食醋和0.3%的尿素液，对促进叶片对铁的吸收、利用和转绿有良好的作用。

第四部分

花椒无公害管理配套技术

第一章 概 述

花椒原产于我国，为芸香科、花椒属落叶灌木或小乔木，是重要的调味品、香料及木本油料树种之一。古名称其为椒、椒聊、大椒、秦椒、蜀椒、凤椒、丹椒及黎椒等。它的分布很广，现在我国除东北、内蒙古等少数地区以外，广泛栽培，以陕西、河北、四川、河南、山东、山西、甘肃等省较多。花椒易栽培，好管理，用途广，深受广大群众所喜爱，是农村特别是山区农村的主要经济树种之一。近年来，随着脱贫攻坚和精准扶贫工作的纵深发展，加之花椒价格持续高位，使不少地区群众栽植花椒的积极性空前高涨，房前屋后、庭院、四旁、荒坡、田埂广为栽种，掀起了"兴椒致富"的热潮，花椒便成了农民群众，特别是山区群众脱贫致富的"摇钱树"。

第一节 我国花椒的发展现状

改革开放40多年来，随着农业产业结构的调整和社会主义市场经济的发展，以"五荒地"为主战场的经济林发展方兴未艾。特别是近几年，脱贫攻坚和精准扶贫工作的持续推进，经济林栽植更是一浪高过一浪。花椒也已成为各地农村脱贫致富的主导产业、拳头产品，形成商品基地。如陕西的韩城市是陕西重要的花椒产区，也是全国最大的花椒基地，面积达3万公顷，其花椒产品以"穗大粒多、皮厚肉丰、色泽鲜艳、品质优良"而著名，产品远销国内20多个省（区）。陕西凤县的花椒"凤椒"以"全红、肉厚、有双耳、风味独特"而备受广大消费者的青睐，在国内市场上久负盛名。在市场经济的有力推动下，目前凤县已种植花椒2万多公顷，但商品仍供不应求。此外，四川的汉源、茂县、汶川，甘肃的武都、天水，河北的涉县、平山，河南的林县、安阳，山东的沂源、沂水、沂南，山西的平顺等地已成为我国重要的花椒商品生产基地。2021年全国花椒发展已超过115万公顷，产量超过50万吨。

第二节 花椒的经济价值

花椒的主要用途是作调味品，是木本油料树种，在医药方面也有较高的应用价值。

据有关部门测定，从花椒果实、花椒叶中提取的芳香油，可分离出20种化合物；从花椒叶的芳香油中又可分离出15种化合物，含量最多的是萜烯类，它广泛用于香精。椒叶芳香油中含量较高的香叶烯是重要的玫瑰型香料，用于配制化妆香精和皂用香精。用花椒提取芳香油后，花椒颜色变为深褐色，但仍有麻辣味。可制花椒粉或调料面。

花椒有独特的药用价值。据药理研究，花椒所含芳香油有局部麻醉及止痛作用，并有杀灭猪蛔虫作用，可作驱虫剂。椒籽油皂化价较高，是制肥皂的好原料，也可制作涂料、油漆、润滑剂等。油渣可作饲料，也可作饼肥。椒油中油酸的含量较高，可提取油酸，油酸是制取洗涤剂的重要原料，广泛用于毛纺工业，此外，亦可用作浮游洗矿剂、制革剂等。

据测定，100克花椒中含有蛋白质25.7克，脂肪7.1克，碳水化合物35.1克，钙536毫克，磷292毫克，铁4.3毫克，并含有挥发性植物油等成分。可见，花椒含有较丰富的营养，可增强体质，延年益寿。花椒是调味佳品，具有特殊的麻辣郁香味，是人们喜爱的调味品之一，能除腥气，使菜肴味浓鲜美，还能消毒杀菌，是腌渍各种酱菜、腊肉、香肠不可缺少的配料。在我国，无论是南菜北菜都离不开花椒作调料，炒菜、炖肉放点花椒可以提味。用油炸点花椒，泼在面条和凉菜上，清爽可口。用花椒叶做烧饼、花卷，滋味好，可增进食欲。所以，花椒在各种调味品中占有重要的地位。

第二章　花椒的生物学特性及主要栽培品种

第一节　花椒的生物学特性

一、花椒的个体发育规律（世代生长规律）

花椒从种子萌发形成一个新的个体起，直到衰老死亡的全过程，称为个体发育过程，也称生命周期。一般情况下，花椒的寿命40年左右，最多可达50～80年。在花椒的一生中，随着年龄的增长，按其生长发育的变化，可分为幼龄期、结果初期、结果盛期和衰老期四个阶段。

1.幼龄期。从种子萌发出苗，到开始开花结果以前为幼龄期，也叫营养生长期。花椒的幼龄期一般为2～3年，这一时期的特征是以顶芽的单轴生长为主，分枝少，营养生长旺盛，根系和地上部分迅速扩大，开始形成骨架。

2.结果初期。从开始开花结果到大量结果为结果初期，也叫生长结果期，花椒树3年后即有少量开花结果，4～5年后相继增加。这一时期的前期，树体生长仍然很旺，分枝量增加，骨干树枝不断向四周延伸，树冠迅速扩大，是一生中树冠扩展最快的时期。

3.盛果期。盛果期是花椒树开始大量结果到衰老以前，此时期，结果枝大量增加，产量可达到高峰。无论是根系还是树冠，都扩大到最大限度。一般自第8至第10年以后即进入大量结果期，突出的特点是果实的产量显著增高，单株产鲜椒10～20千克，干果皮3～10千克。这一阶段持续时间的长短，取决于立地条件和栽培管理技术。良好的立地条件和科学的栽培技术能延长盛果期，否则盛果期时期较短。一般盛果期年限10～15年，甚至可达20年以上。

4.衰老期。植株开始衰老一直到树体死亡为衰老期。盛果期后，树体长势逐年衰退，主枝、小枝及果枝趋于老化，冠内出现枯枝，这是衰老期的前兆。一般情况下，树龄达到20～35年以后，根系、枝干进入老化，枯死枝条增多，生活机能衰退，新枝生长能力显著减弱，内膛和背下结果枝组大量死亡，部分主枝和侧枝先端出现焦梢、枯死现象，结果枝细弱短小，内膛萌发大量徒长枝，产量递减。

二、花椒的年生长发育规律（年生长周期）

1.花椒的芽及其生长发育：在一个发育完全的一年生枝条上，根据其形态、构造和发育特性，可分为混合芽、营养芽和潜伏芽。

（1）混合芽。又称花芽。花椒树花芽属纯花芽，不论是顶芽、假芽或上部的侧芽，只要发育饱满，体积大，一般都能够形成花芽。着生在结果枝顶端和其以下1~4个叶腋内的花芽数量较多。着生在枝条顶端的花芽叫顶芽，形成的果序较大；着生在叶腋的花芽叫腋花芽，果序次之。花芽春季萌发后，先抽生一段新梢，在新梢顶端着生花序，并开花结果。混合芽的芽体为圆形，发育饱满，着生于一年生枝的中、上部，呈单芽生于叶腋间。一般生长健壮的果枝上部2~4芽都为混合芽，发育枝和中庸偏弱的徒长枝，当年也可形成混合芽。果实采收后，花序总轴宿存，翌年春季又形成花序，连续结实能力很强。在栽培上要充分利用这一特性，达到连年丰产的目的。

（2）营养芽。又称叶芽。营养芽小而光，萌发后抽生营养枝，除基部的潜伏芽外，叶芽的着生部位多在壮发育枝、徒长枝、萌蘖枝上；中庸偏弱的发育枝中下部和徒长性结果母枝的顶芽一般也为叶芽。

（3）潜伏芽。又称隐芽、休眠芽。从发育性质上看，潜伏芽也属于叶芽的一种，只是在正常情况下不萌发。潜伏芽着生在枝条基部或下部，或根系，或根茎部位，芽体很小，发生的时期和位置不一定，故也称不定芽。花椒的根蘖和根茎部位的萌芽就是由不定芽发出的。潜伏芽寿命很长，其生活力可维持数10年之久。

（4）芽的生长。除潜伏芽外，花椒的其他芽从先年6月就开始分化，到次年3月至4月上旬。气温在10~12℃时萌芽出叶。从第一个芽萌动开始到芽全部萌发需15天左右，从芽分化到全部萌发约需9~10个月。

2.花椒的枝干及其生长发育：

（1）枝干的种类。花椒枝干的组成包括：枝、主干、主枝、侧枝、树冠、新梢、结果枝、发育枝和徒长枝等。

枝：枝是构成树冠的主体和着生其他器官的基础，也是水分和营养物质的输导渠道和贮藏营养物质的主要场所。花椒树各部位的名称如图2-1所示。

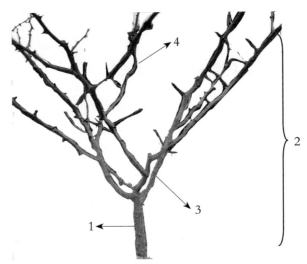

1.主干；2.树冠；3.主枝；4.侧枝

图2-1　花椒树枝干各部位名称示意图

主干：从地面到第一主枝间的树干，通常叫主干。花椒树的干性不强，实际上在整形修剪中如果是丛状树形，中央领导干实际上就变成了主枝，如果整修成杯状形，那就不存在中央领导干。这是花椒树本身的生长特性决定的，主枝很少端直往上长，而横生性较强。

主枝：主干上着生的永久性大枝，是构成树冠的骨架。

侧枝：着生于主枝上的永久性大枝。

树冠：主干以外整个树貌称"树冠"，人们通常把主枝和侧枝统称"骨干枝"，是构成树冠的骨架。

新梢：由叶芽萌发出的带叶枝条叫新梢。一年中的新梢生长大体分为2次，从发芽到6月生长的这段枝梢，称之为春梢，由春梢顶端在秋季继续萌发生长的一段枝梢叫秋梢。

一年生枝：是当年生长出来的一段枝梢到停止生长为止，把这段枝称为一年生枝。

二年生枝：是生长两年的枝条叫二年生枝。

多年生枝：是生长多年的枝条。

竞争枝：和其他永久性枝条生长势均等，竞争养分、水分的枝条叫竞争枝。

花椒当年萌发的枝条，按照其特性，可分为结果枝、发育枝和徒长枝3种。

结果枝：着生果穗的枝叫结果枝。结果枝根据长度可分为长果枝、中果枝和短果枝。长度在5厘米以上为长果枝；2～5厘米为中果枝；2厘米以下为短果枝。粗壮的长、中果枝坐果率高，果穗大；细弱的短果枝坐果率低，果穗也小。

　　发育枝：亦称营养枝，只发枝叶而不开花结果的枝条为发育枝，由先年枝条上的叶芽萌发而成。发育枝是扩大树冠和形成结果枝的基础。发育枝的长度也很不一致，有长、中、短枝之分，长者30～50厘米，短者5～6厘米。发育枝主要在树冠外围，以长、中枝为主。

　　徒长枝：实质上也是一种营养枝，是由多年生枝的潜伏芽萌发而成，徒长枝长势旺盛，一般都比较粗长，且直立生长，其长度多在0.5～1.2米，有的可达2米之上，但组织不充实，徒长枝多是由于枝、干遭到破坏或受到刺激后从骨干枝上萌发，所以一般多着生在内膛。

　　（2）枝条的生长。一般当春季气温稳定在10℃左右时，新梢开始生长。枝条的生长通常可分为以下几个阶段。

　　第一次速生期：从4月花椒萌芽展叶伸出新梢到6月上旬为第一次速生期，历时2个月左右。枝条生长长度常占年生长量的2/3～1/2。

　　缓慢生长期：从6月中旬到7月上旬的高温季节，新生枝的生长速度转缓，甚至停止生长。转入缓慢生长期，这一阶段约经历20～25天。

　　第二次速生期：7月中旬到8月上旬新生枝条进入第二个生长高峰，这一阶段约持续30天，到立秋后果实采收终止。

　　新梢硬化期：从8月中旬到10月上旬，当年新生枝条开始停止生长，积累营养，是向木质化转变的生长阶段。

　　3.花椒的叶：叶是植物的主要营养器官，它的主要功能是通过光合作用制造养分，蒸腾水分和进行呼吸作用。一般较健壮的结果枝，着生3个以上复叶，才能保证果穗的发育，并形成良好的混合芽；1～2个复叶的结果枝，特别是只着生1个复叶的结果枝，果穗发育不良，也不能形成饱满的混合芽，冬季往往枯死。在生产中，要切实加强中后期叶片的保护，防止过早落叶，影响养分的积累和贮藏。

　　4.花椒的花器与开花结果：

　　（1）花芽分化。花芽分化，一般是指形成花芽的整个过程，是芽体内生长点发育到一定阶段后发生质变，向花芽方向转变的一系列生理生化和形态结构的变化，通常分为生理分化和形态分化两个阶段。花芽分化是开花结果的基础，花芽分化的数量和质量直接影响着第二年花椒的产量。

花芽分化受很多内在因素和外界条件的影响。就一个芽而言，营养生长较旺盛的初果期比盛果期花芽分化迟。在同一株树上，通常短梢比中梢分化早，中梢比长梢分化早。在同一个新梢上，顶芽的叶原基数多，开始分化晚，但进程快，花芽比较饱满；腋花芽分化的时间略早，但花芽质量较差。花椒花芽分化与果实发育有一定关系。据观察，花椒果实速生期在5月中旬至6月上旬，花芽的分化则始于6月上旬，营养分配矛盾较小。这一时期，花芽分化与果实发育同步进行。果实采收时，花芽已基本停止分化，进入越冬态。

（2）花序和花。花序由花序梗、花序轴、花梗和花蕾组成。花序的中轴为一级花序轴，其上有二级花轴、三级花轴，有的还有四级花轴。在花序梗的基部，常有一较小的副花序。花序上着生花的数量，因品种和树势不同而异。花椒树的现蕾期开始于4月上旬，终于4月中旬。蕾期持续8～14天后，即进入花期。花椒开花，一般4月中旬花序上的小花开始开放，4月末进入盛花期。花期的长短，常受气候条件的影响。在气温高、光照强、干旱的情况下，花期短；气温低的阴雨天气，花期延长。一般从花序显露到初花期约10～12天，从初花期到末花期共14～18天。

（3）果实及生长。椒果为蓇葖果，无柄，圆形。横径3.5～6.5毫米，1～4粒轮生于基部，果面密布腺点，中间有一条不太明显的缝合线，成熟的果实晒干后，沿缝合线2裂。果皮2层，外果皮红色或紫红色，内果皮淡黄色或黄色。有种子1～2粒，种皮黑色，有较厚的蜡质层。果实的生长发育，大体可分为以下几个时期。

坐果期：雌花授粉6～10天后，子房膨大，形成幼果，直至5月下旬，果实长到一定大小，结束生理落果，此阶段持续30天左右。一般坐果率为40%～50%。

果实膨大期：5月下旬至6月上旬为果实迅速膨大期，生理落果基本停止，果实外形长到最大，此阶段持续40～50天左右。

果实速生期：从柱头枯萎脱落开始，果实即进入速生期，果实生长量即达全年总生长量的90%以上。

缓慢生长期：果实速生期过后，体积增长基本停止，但重量还在增长，此期主要是果皮增厚、种子充实。

着色期：果实的外形生长停止，干物质迅速积累，到后期逐渐着色，果实由青转黄，至黄红，进而成红色，最后变成深红色。同时，种子变成黑褐色，种壳变硬，种仁由半透明糊状物变成白色的种仁。此阶段历时30～40天。

成熟期：外果皮呈红色或紫红色，疣状突起明显，有光泽，少数果皮开裂，果实完全成熟。

一般来说，在果实全部着色后约一周即可开始采摘。若要选留花椒种子，应尽量使花椒充分成熟后采收，花椒果实的整个生长发育期为4个月左右。据观察，大红袍花椒果实在成熟时开裂，种子可从果皮中脱落。大红袍花椒果皮不开裂（闭眼椒）的很少，越是品质好的花椒，成熟时开裂得越好。大红袍花椒果实外表皮有密生的大凸起，通常把此种凸起叫椒泡。大红袍花椒的椒泡较其他品种大而明显。而且，一般还带有2个非常明显的微粒，俗称"椒耳朵"，花椒果实的内皮呈黄白色，紧贴果皮内边。当果实开裂时，它也向果皮相反的方向卷曲，花椒果皮的基部有伸长的子房柄。据观察，大红袍花椒还有它特殊的结果习性，果实往往2个、3个、4个生长在一起，使大红袍花椒更别具一格，好似一朵朵鲜红色的小红花，惹人喜爱（见图2-2）。

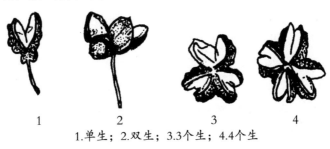

1　　　2　　　3　　　4

1.单生；2.双生；3.3个生；4.4个生

图2-2　大红袍花椒果实

5.花椒根系的结构和生长：

（1）根系。花椒为浅根性树种，主根不明显，侧根较发达。初果期花椒树，以树冠投影处根系分布最多、最密集，向外伸展逐渐减少；盛果期树根系多在树冠投影以外。

花椒根颈以下总称为根系。根系除了能把树体固着于土壤中以外，主要作用是吸收水分和无机养分，同时还能合成碳水化合物、氨基酸等有机物和微量活性物质。花椒的根系由主根、侧根和须根组成。

花椒的主根：主根由种子的胚根发育而成，不发达，一般只有20～40厘米。在主根上产生各级侧根。花椒侧根十分强大，随着树龄的增加，侧根不断加粗并向四周延伸，构成根系的主要骨架。花椒的须根尤为发达，是由骨干根发出的细根多次分生而成的，常呈密集的网络状，花椒的吸收根较细且短，趋肥性强，是吸收水分和无机养分的主要根类。所以，吸收根的多少与花椒营养状况极为密切。

根系的分布：花椒的垂直根不发达，但水平根延伸很远。盛果期大树的根系最大分布范围可达树冠直径的5倍左右。盛果期树须根集中分布区，以主干距树冠外缘0.5～1.5倍的范围内为最密集。进入衰老期，二、三级侧根出现枯死现象，根系又会发生向心生长的趋势，即根颈周围又发生大量须根，但此时根系的功能已逐渐衰退，发根能力减弱。花椒根系垂直分布浅，多数比较粗的侧根分布在40～60厘米的土层中；较细的须根集中分布在10～40厘米的土层中，占总量的61%，为吸收根的主要分布层。

（2）根的生长。花椒树的根系生长表现为一定的周期性。春季，当地温达5℃以上时，根系开始生长；落叶后，当地温下降到5℃以下时，根系呈休眠状态。花椒树的根系生长有3个高峰期，第一次在发芽前20天（3月5日至3月25日）发根，新根逐渐增多，到发芽期（3月25日至4月5日）达高峰，然后迅速减少，进入发根低潮。新根密度大，较粗短（平均长4毫米）。第二次在6月中旬至7月中旬，高峰在7月上旬，在网状的顶端先发新根，逐渐向基部转变，较第一次高峰发新根密度大，细而长（平均长为5.5毫米）。第三次根系生长高峰在9月上旬至10月中旬，发根时间长，但密度小于第一、第二次，没有明显的发根高峰，其发根特点是白色吸收根明显增多，并随着降雨量的增多而伸延到地表层。

三、花椒的营养利用规律

从营养角度看，萌芽出叶期和枝条速生期的前一阶段利用了上年的贮备养分，相对来讲，这一阶段为营养欠缺期。当营养体（叶子）向其他系统输运养分时，首先是用来完成果实的膨大和新梢的继续伸展。但当这一部分营养只够满足充实果实，枝条的长势必然停滞，进入缓生期，这一阶段为营养高峰，果实成熟后，营养的支付转向补充树体的消耗，开始贮备及用于枝条的生长，新梢即进入第二个生长高峰，这一阶段为贮备生长期。当营养体提供的养料只能够用来促进枝条木质化及完成贮备时，便进入新梢硬化期，这一阶段为营养的积累贮备期。一般在营养欠缺期和需要高峰期，若能适当追施速效肥，则能取得显著的丰产效果。在贮备生长期及积累贮备期采用适当的修剪措施，不仅能促使枝条的健壮生长，也可为翌年增产打好基础。

四、花椒的生长发育与环境条件

1.温度。温度是花椒的主要生存条件之一，从我国花椒主要产区气候条件上看，花椒的适应范围很广，在年平均气温8~16℃的地方都有栽培，但以10~14℃的地方栽培较多。在这个范围内，冬季一般不会发生冻害，产量比较稳定。年平均气温低于10℃的地区，虽有栽培，但常有冻害发生。但气温过高的地方，也不适宜花椒的生长。当春季气温稳定在6℃以上时，芽开始萌动，10℃左右时发芽生长。花期适宜温度为16~18℃。开花期的早晚，与花前30~40天的平均气温和平均最高温度有密切关系，气温高时开花早，气温低时开花晚。花椒果实生长发育期的适宜温度为20~25℃。春季气温对花椒当年的产量影响最大。春季低温，特别是"倒春寒"常会造成花椒减产。花椒的品种不同，对气温的要求也不同。以大红袍为例，年平均气温11.0~12.3℃时，花椒的长势、产量，在山下较好，山坡到山顶较差，同样的品种，平原地区则不如山区长得好、质量高。花椒全生育期（萌动——成熟）平均150天，其间≥0℃的积温为3005~3245℃。据调查，年平均气温在10~14℃的范围内对花椒的生长是适宜的。其中以平均气温11~13℃为最适宜花椒生长的温度条件。

2.降雨量。花椒对水分要求不高，土壤水分过多，不利于花椒树的生长。短期积水或冲淤，常造成土壤板结，可使椒树死亡。遇严重干旱，花椒的叶便会发生萎蔫。花椒系浅根植物，水平根系发达，短期遇水仍能恢复生长。这些特点说明了花椒对水分的需求量不大，但要求相对集中在生育期内，特别是4~5月，花椒树由发芽阶段进入开花结果期间，自身既要展叶生枝，同时又要提供开花结果所需的水分，即营养生长转为生殖生长的过程，对水分要求十分敏感，需水量较多。水分过少，会造成成粒率低，形成落花落果，直接影响到后期产量。在一定的范围内，降水增多和产量增加呈正相关。4~5月降水量在80~150毫米范围内，适于花椒开花至结果关键期的需水要求。

3.光照。花椒属喜光树种，一般年日照时数应在1800~2000小时以上。特别是7~8月，花椒进入着色成熟期，是提高产量和品质的关键时期。充足的光照，同化作用强，有利光合产物积累，促使果皮增厚，产量增加，着色良好，品质提高；光照不足，往往表现树枝不开张，分枝少，枝条细弱，果穗和果粒小，产量低，色泽暗淡，品质下降，甚至霉变。在开花期，如果光照良好，坐果率明显提高；阴雨、低温则易造成大量落花落果。

4.土壤。是花椒赖以生存的基础，是水分和养分的供给源泉。所以，土壤条件的好坏，直接关系花椒的生长和结实。

（1）土壤厚度。花椒通过根系从土壤中吸收水分和养分。花椒属于浅根性树种，根系主要分布层在距地面60厘米的土层内，一般土壤厚度80厘米左右，即可基本满足花椒的生长。所以，在山地建园时，必须进行整修梯田等水土保持措施，以加厚土层，然后再栽植。

（2）土壤结构。花椒对土壤的要求是质地疏松、保水保肥性强和透气良好。所以，沙壤土和中壤土适宜花椒的生长发育，沙土和黏土则不利于花椒的生长。当然，花椒对土壤的适应性很强，除极黏重的土壤和粗沙地、沼泽地、盐碱地外，一般的沙土、轻壤土、黏壤土及山地粗骨土上都可栽植。

（3）土壤肥力。花椒的适应性强，在土层比较浅的山地也能生长结果。同时，花椒又是喜肥的树种。只有在各种养分比较满足的情况下，才能保证花椒的生长和结果，实现连年丰产。

（4）土壤酸碱度。花椒在土壤pH 6.5～8的范围内都可栽培，但以7～7.5的范围生长和结果最好。花椒喜钙，在石灰岩山地生长尤好。

（5）土壤水分。水在树木生命过程中起着重要作用，由于花椒根系浅，难以忍耐严重干旱。土壤含水量低于10.4%时，叶片出现轻度萎蔫（一般中午萎蔫，早、晚复原）；低于8.5%时，出现重度萎蔫（叶片早晚也难复原）；降至6.4%以下时，即会导致植株死亡。花椒的耐水性较差，土壤含水量过高或排水不良，都会影响花椒的生长和结果。

5.地形。花椒主要栽植于山地，适宜在地势开阔、背风向阳的地方生长。山区地形复杂，地形变化大，气候和土壤条件差异也较大，对花椒生长结实有明显的影响。

（1）海拔高度。不同的海拔高度，有不同的水、热等气候条件。我国花椒栽培区主要在北纬25～40度之间，太行山、吕梁山、山东半岛等地，主要分布在海拔800米以下，秦岭以南，多分布在海拔1500～2600米之间。

（2）坡度。在一般情况下，山脚的坡度小，土层深厚，肥力和水分条件好，适宜花椒生长。

（3）坡向。坡向主要影响光照长短。由于受光、热的不同，形成不同的小气候和土壤条件。这种影响在山地比较坡陡的地方更为明显。我国山地栽培的花椒多在阳坡和半阳坡。阴坡由于光照不足，温度低，枝条木质化程度差，抗寒力低于阳坡和半阳坡，易遭受冻害。

第二节　花椒主要栽培品种

花椒是我国的特产，人工栽培的主要是"花椒"这个种。由于有异花授粉的特性，所以经人工和自然选择在全国形成了不少优良品种及其中间类型。各地栽培较多的主要有大红袍、青椒、二红袍、小红袍、白沙椒、枸椒、秦安一号及无刺花椒等8个品种，其中大红袍以粒大、色艳、味浓而享盛誉。

一、大红袍

大红袍也称狮子头、大红椒、疙瘩椒、凤椒、秦椒等。是分布最广、栽培面积最大的优良品种。

树体特征：灌木或小乔木，在自然生长条件下，树形多为多主枝圆头形或无主干丛状形。盛果期大树高3～5米，树势强健，紧凑，分枝角度小，树姿半开张。一年生枝，新梢紫绿色，小枝硬，直立。节间较短，果枝粗壮。多年生枝灰褐色，皮刺大而稀，基部宽厚，常退化。随着枝龄的增加，尖端逐渐脱落而成瘤状，羽状复叶，有小叶5～11片，叶片广卵圆形，叶尖渐尖，叶色浓绿，叶片较厚而有光泽，表面光滑蜡质层较厚，油腺点较窄，不甚明显。

果实特征：果梗较短，近于无柄，果穗紧密；果粒大，直径5～6.5毫米，每穗一般单果35～50粒，最多可达110多粒。成熟的果实深红色，表面有疣状粗大腺点；鲜果千粒重85克左右，成熟期在末伏（立秋），即8月下旬至9月上旬，属晚熟品种。成熟的果实不易开裂，采收期较长。4～4.5千克鲜果可晒制1千克干椒皮，晒干后的椒皮呈深红色。

大红袍生长快，结果早，丰产性强，高产、稳产。一年生苗高可达1米，栽后3年可挂果，10年生单株产干椒量可达1～1.8千克，15年生单株产量达4～5千克，最高单株产量可达6.5千克，25年后仍有1.7～4.1千克的产量。椒果颗粒大，色泽鲜艳，品质好，在市场上颇受消费者欢迎。大红袍花椒皮刺少，果穗大，采摘比较方便。此品种喜肥水，抗旱性、抗寒性较差，适于在较温暖的气候和肥沃的土壤上栽培；若立地条件差，则易形成"小老树"。

二、青椒

青椒产于四川省的汉源一带，该县地处川西南山地亚热带气候区，品质优良，主产地在该县清溪区，故称青椒。株高约2米，全树多皮刺，显著特征是一颗花椒常附生1～2粒未受精发育的小红椒，故称青椒为娃娃椒、子母椒。

三、大花椒

大花椒也称油椒、豆椒、二红袍、二性子。各主要椒区均有栽培，以四川的汉源、泸定、西昌等县最多，近年在乐山、宜宾、内江、重庆等地亦有栽培。

树体特征：在自然生长条件下，为多主枝半圆形或多主枝自然开心形，盛果期大树高2.5～5米，树势健壮，分枝角度较大，树姿较开张，一年生枝褐绿色，多年生枝灰褐色。皮刺基部扁宽。随着枝龄的增加常从基部脱落。叶片较宽大，卵状矩圆形，叶色较大红袍浅，腺点明显。

果实特征：果梗较长，果穗较松散，每果穗结实20～50粒，最多可达160多粒；果粒中等大，直径4.5～5毫米。成熟的果鲜红色，表面有粗大疣状腺点；鲜果千粒重70克左右，晒干的椒皮呈酱红色，成熟期8月中下旬，属中熟品种，每3.5～4千克鲜椒可晒制1千克干椒皮。

大花椒丰产性强，抗逆性也较强。椒皮品质上，麻香味浓，在市场上颇受欢迎。此品种喜肥水，肥沃土壤上的植株，树体高大，产量稳定，在河北省涉县最高株产鲜果66千克，是大力发展和推广的优良品种。

四、小红椒

小红椒也称小红袍、米椒、小椒子、黄金椒、马尾椒。河北、山东、河南、山西、陕西均有栽培，以山西省晋东南地区和河北省西部太行山区栽培较多。

树体特征：分枝角度大，树姿开张，盛果期大树高2～4米，一年生枝褐绿色，多年生枝灰褐色，枝条细软，易下垂，萌芽率和成枝率高，皮刺较小，稀而尖利，随着枝龄的增加，从基部脱落。叶片较小且薄，色较淡。

果实特征：果梗较长，果穗较松散；果粒小，直径4～4.5毫米；鲜果千粒重58克左右，成熟时果实鲜红色，晒制的椒皮颜色鲜艳，麻香味浓，特别是香味大，品质上，出皮率高，每3～3.5千克鲜果可晒制1千克干椒皮。8月上中旬即成熟，为中熟品种。果穗中果粒不甚整齐，成熟也不一致，成熟后果皮易开裂，须及时采收，采收期短。因此，在大面积发展时，应与早、晚熟品种适当配置。

五、白沙椒

白沙椒也称白里椒、白沙旦。在山东、河北、河南、山西栽培较普遍。

树体特征：分枝角度大，树姿开张，树势健壮，盛果期大树高2.5～5米，一年生枝淡绿色，多年生枝灰褐色，皮刺大而稀，多年生枝皮刺通常从基部脱落。叶片较宽大，叶轴及叶背稀有小皮刺，叶面腺点较明显。

果实特征：果梗较长，果穗蓬松，采收方便。果粒中等大，鲜果千粒重75克左右。8月中下旬成熟，属中熟品种。成熟的果实淡红色，晒干的干椒褐红色。内果皮呈白色，耐贮藏，晒干后放3～5年香味仍浓，也不生虫。每3.5～4千克鲜果可晒制1千克干椒皮。风味中上，但其色泽较差。该椒生育期短、结果早、丰产性强，几乎无隔年结果现象。在土壤深厚肥沃的地方，树体高大健壮，产量稳定。在立地条件较差的地方，也能正常生长结实。麻香味浓，存放几年，麻香味不减，但其色泽较差，可适当发展。

六、枸椒

枸椒也称高椒黄、野椒、臭椒。在河北、山东、山西、河南有少量栽培。

树体特征：树体健壮，分枝角度小，树姿半开张，盛果期树高3～5米，一年生枝上皮刺从基部脱落，果枝粗短，尖削度大，叶片小而窄，叶面蜡质层厚，浓绿有光泽，腺点不大明显。

果实特征：果穗较大，果梗较短。果粒大，直径5～6.5毫米，鲜果千粒重85克左右，成熟的果实枣红色，色泽鲜艳，晒干后的椒皮呈紫红色。成熟晚，9月上中旬成熟，成熟后果皮不易开裂，一直到10月上中旬果实也不脱落，采收期长。4.5千克左右鲜椒可晒制1千克干椒皮，鲜果有异味，麻而不香，但晒干后异味减退，品质较差。该椒丰产性强，单株产量高。适于立地条件较好且肥水充足的地方栽培，土壤瘠薄时树体寿命短，易形成"小老椒"，虽其椒皮风味较差，但粒大、色泽好，可适当发展。

七、秦安一号

秦安一号是大红袍花椒的一个自然变异，主要分布在甘肃秦安一带。

树体特征：秦安一号树势旺盛，树形直立，萌芽力强，成枝力较弱，与大红袍的区别在于，叶片大，正面有一突出较大刺，叶背面有不规则小刺，树体上的皮刺大。

果实特征：果穗大、紧凑，穗粒数在120粒以上，单株产量（8年生）可达4.73千克，且具有较强的抗冻害能力。其主要分布在甘肃一带，成熟期为8月上中旬。

八、无刺花椒

无刺花椒主要分布在云南一带，我省也有栽培。

树体特征：无刺花椒树高中等，树势强健，树冠开张，枝条长而密，定植第三年挂果，少数单株在肥水条件好的情况下第二年可开花，早果性极强。第五年进入盛果期，并能保持高产稳产。无刺花椒为落叶小乔木，枝、干上皮刺小且极稀少，近无刺，聚伞状圆锥花序腋生或顶生，嫩枝紫绿色，羽状复叶中大、小叶对生，一般5片，无柄，纸质，近披针形，宽5厘米，长15厘米左右，叶缘锯齿不明显，每一锯齿基部都有一粒半透明圆形腺体。蓇葖果2~3聚生。此科最大缺点是抗冻害能力差，耐旱能力弱，经营管理水平要求高，成熟期较晚。

果实特征：穗大粒大，平均千粒重150克，最大千粒重200克。每个果穗有花椒80粒左右，种子卵圆形。3月初开花，7月中下旬果熟。

另外，四川金阳、陕西凤县、宝鸡及渭北一带产有豆椒，也称白椒、二红袍、臭椒子。该品种枝条常下垂，节间长，皮刺基部及顶端均扁平，基部木栓化不如小红袍。果柄较长，种皮薄，成熟时淡红色，晒制后暗红色，5千克鲜椒可晒1千克干椒皮，处暑前后成熟。

第三章 花椒苗木繁育

苗木繁殖分为有性繁殖和无性繁殖。有性繁殖是利用种子进行繁殖，也称为实生繁殖或种子繁殖。利用种子培育的苗木，称为实生苗。实生苗繁殖简便，群众易于掌握，在短期内能培育出大量的苗木。同时，培育的苗木根系发达，生长健壮，寿命长，适应性强。但是，单株间变异较大，不易保持品种的优良特性。花椒的遗传性相对来说还比较稳定，种子繁殖培养苗木快、技术简便、成本低廉，我国花椒产区绝大多数仍以种子繁殖为主培育苗木。所谓无性繁殖是指营养繁殖，即利用树木营养器官（根、茎、叶）的某一部分和母体分离（或不分离），通过人工辅助进行繁殖，培育成独立的新个体。为了保持母株的优良性状，早结果，也可采用无性繁殖方法。无性繁殖在生产实践中应用广泛，方法也有多种。如嫁接育苗、扦插育苗、自根营养繁殖、压条和分株繁殖等。本章仅介绍生产上常用的播种育苗。

第一节 种子的采收与贮藏

一、种子的采收与制干

用于育苗的种子，必须选择生长健壮、结实多、丰产稳产、品质优良、无病虫害的中年树（盛果树）作采种母树。一般应选择10～15年生的盛果期树，种子必须充分成熟，以保证种子的发芽力和苗木的健壮生长。果实成熟的标志是具有本品种红色或深红色的色泽，种子呈黑色，有光亮，有2%～5%的果皮开裂，这时即可采收。采回的果实要及时阴干，待果皮开裂后，轻轻用木棍敲击，收取种子。收取的种子要继续阴干，切不可在水泥地面上暴晒，不要堆积在一起，以免霉烂。收取的种子可随即播种。贮藏的种子需充分阴干，以免降低发芽率。据测算，1千克椒种约有4万粒。据试验，阴干籽出苗率可达89%～92%，而晒干籽播后很难出苗。其原因是暴晒后种胚灼伤，种子内含水量降至安全含水量以下，种仁内油脂外渗及挥发是失去发芽力的主要原因。获取优质种子，是保证育苗成功的重要技术措施之一。

二、种子的贮藏

种子采收后要妥善贮藏。如果秋季育苗，即可随采随播，但一般采后多经过冬季贮藏后于春季播种。种子在贮藏过程中，虽然处在休眠状态，但其生命活动并未停止。在贮藏中影响种子生活机能的主要因素是种子含水量，贮藏中的温度、湿度和通气状况。常用的贮藏方法有以下几种：

1.牛粪饼贮藏法：将1份种子拌入3份鲜牛粪中，再加入少量草木灰（或牛粪、黄土、草木灰各等份），拌匀后捏成拳头大的团块，甩在背阴墙壁上（或捏成饼，在通风背阴处阴干，堆积贮藏）即可。第二年春季取下打碎后，可直接播种，或经催芽处理后播种。此法贮藏的种子发芽率高。

2.牛粪掺土埋藏法：在潮湿的牛粪内掺入1/4的细土搅匀后，再将种子放入拌匀，使每粒种子都黏成泥球状，然后在排水良好的地方挖深80厘米的土坑（长、宽根据种子量确定），先在坑的中央竖一束草把、坑底铺6厘米左右厚的粪土，将种子倒入坑内，直至和地面平齐为止；再在种子上面盖草、填土，并封成土丘状，注意要让草把露出土丘。春播前再经催芽处理，即可播种。

3.泥饼堆积贮藏法：在我国北方一些花椒栽培地区，用种量比较少时，椒农多采用泥饼贮藏法贮藏种子。特别是在无灌溉条件的地方，春季常因干旱不能及时播种，而泥饼贮藏的种子，贮藏时间长，可等雨播种。贮藏的方法：将新鲜种子于秋后用水漂洗，混合于种子4～5倍的黄土和沙土（黄土和沙土的比例为2∶1），加水搅拌揉搓和成泥，做成3厘米厚的泥饼，贴在背阴防雨的墙上；也可置于阴凉处阴干，避免阳光暴晒。然后将干燥的种子盛入开口的容器或装入袋中，不可密闭，放在通风、阴凉、干燥、光线不能直射的房间内，不要在缸、罐及塑料袋中贮放，以免妨碍种子呼吸，降低种子活力。贮藏期间要经常检查，避免鼠害、霉烂和发热。

4.湿沙层积法：

（1）湿沙室外层积法。种子阴干后，选排水条件良好之处，挖1米（长、宽根据种子量确定）深的土坑，坑底铺一层6～10厘米的湿沙，竖通风秸草把一束

（若坑长超过2米，每隔1米竖一束草把），再将拌入2倍湿沙的种子倒入坑内一层（厚6～10厘米），然后一层沙子一层种子，层积到和地面平为止，最后封成土丘，但草把必须露出地面。春播时经催芽处理后，发芽率可达45%。

（2）湿沙室内层积法。在室内用砖等砌成高1米的坑，以层积法的方法贮藏即可。但室内贮藏时可以将种、沙混合后堆至高50～60厘米，再封顶，不必按一层沙子一层种子的方法层积。

三、种子的处理

干藏的种子在春季播种前必须进行种子处理，因为花椒种壳坚硬，外具较厚的油脂蜡质层，不易吸收水分，发芽困难，不处理的干籽播种后，常需50～60天后才陆续发芽，且发芽力很低，出苗不整齐。冬季干藏或调入的种子，在催芽处理前要进行质量检查，优良的种子，除品种纯正、籽粒饱满外，将种子切开，种仁应呈白色。胚和胚芽界线不分明的，则多为霉坏或陈旧的种子，大多失去发芽能力。花椒种子，一般约需60～80天才能完成生理成熟过程。在陕西一般可在1月中旬进行处理，不宜过早或过晚。播前常用以下方法进行催芽处理：

1.开水烫种。将种子放入缸或其他容器中，然后倒入种子量2～3倍的开水，急速搅拌2～3分钟后注入凉水，到不烫手为止，浸泡2～3小时，换清洁凉水继续浸泡1～2日，然后从水中捞出，放温暖处，盖几层湿布，每日用清水淋洗2～3次，3～5日后，有白芽突破种皮时，即可播种。

2.碱水浸种。此法适宜春、秋季播种时使用。将种子放入碱水中浸泡（5千克水加碱面或洗衣粉50克，加水量以淹没种子为度）2天，除去秕子，搓洗种皮油脂，捞出后用清水冲净碱液，再拌入沙土或草木灰即可播种。

3.沙藏催芽法。将种子与3倍的湿沙混合，放阴凉背风、排水良好的坑内，10～15天倒翻1次。播前15～20天移到向阳温暖处堆放，堆高30～40厘米，上面盖塑料薄膜或草席等物，洒水保湿，1～2天倒翻一次，种芽萌动时即可取出播种。

4.牛粪混合催芽法。在排水良好处先挖深33厘米的土坑，将椒籽、牛粪或马粪各1份搅匀后放入坑内，灌透水后踏实，坑上盖3.2厘米厚的湿土一层。此后以所盖的土不干为宜，温度过高、上面的土层变干后需及时加水，7～8天后即可萌芽下种。

第二节　实生苗培育

一、苗圃地的选择

苗圃地选择主要包括经营条件和自然条件两方面。

1.经营条件：一般圃地应选择在交通方便的地方，以便于苗木运输。为了提高苗木的栽植质量，最好靠近建园地，既能减少苗木长途运输，节省开支，降低成本，又能保证苗木质量，不耽误造林时间。此外，圃地选择时，还应考虑附近应有充足的劳动力来源，以确保苗圃地及时管理。

2.自然条件：

（1）地形：苗圃地应选择背风向阳、日照好、平缓（2～5度）的开阔地为好。平地地下水位宜在1～1.5米以下。地下水位过高的地块，要做好排水工作。高山、风口、低洼地以及坡度大的地方，都不宜作苗圃。

（2）土壤：土壤是苗木生长的基础。土壤结构、土壤肥力对苗木生长影响很大。苗圃地应选择土层深厚、疏松、排水良好的沙质壤土，利于苗木根系生长发育。选择土壤时，还要注意土壤酸碱度对苗木生长的影响，花椒苗宜生长在pH 7～7.5的土壤中。

（3）水源：苗圃地须有充足水源，苗圃地应尽可能靠近水源。

二、播前备耕

1.精耕细作。育苗地在地表10厘米以内不能有较大的土块。整地要细，以满足种子发芽和幼苗生长对土壤的要求。整地要做到上虚下实，上虚有利于幼苗出土，还可减少土壤水分蒸发；下实可满足种子萌发所需要的水分，上虚下实的配合，才能给种子萌发创造良好的土壤环境。

2.深耕施肥。苗圃地一般深翻20～40厘米，过浅不利于蓄水保墒和根系的生长。为改良土壤，提高肥力，应结合耕翻，1公顷施入腐熟的农家肥75000～150000千克。有条件的还可以施入过磷酸钙375～750千克、草木灰750千克做底肥。

3.培垄作畦。苗圃地整好后即可作畦。一般畦宽1～1.2米，畦长5～10米，埂宽30～40厘米，做畦时要留出步道和灌水沟。地势低洼、土质黏重、灌水条件好的地方，亦可采用高垄育苗，以利排水和提高地温。同时，高畦不易板结，便于幼苗出土和起苗。高垄育苗的垄面高出步道15～20厘米为宜；高垄一般下底宽

60～70厘米，垄面宽30～40厘米，垄高15～20厘米为宜。

4.及时灌水。种子萌发和插条生根、发芽，均须保持土壤湿润。幼苗生长期根系较浅，耐旱力弱，要及时灌水，促使幼苗健壮生长。

三、播种时期

1.秋播。秋播在种子采收后到土壤结冻前进行，这时播种，种子不需要进行处理，且翌年春季出苗早，生长健壮。一般秋季墒情好，出苗整齐，比春季早出苗10～15天。秋播又分早秋播和晚秋播。早秋播也称随采随播，选用早熟品种于8月中下旬进行。种子在采收后立即播种，不必晾晒，也不需要处理，当年即可出苗。早秋播种适宜于比较温暖的地方，冬季过于严寒的地区则不宜采用。同时，早秋播应尽量提前，以便延长苗木生长期，保证安全越冬。早秋播一般只适宜在花椒产区就地育苗采用。

晚秋播种时应适当推迟到10月中旬至11月上旬，即立冬前后，土壤冻结前进行。

2.春播。春播一般在早春土壤解冻后进行，以春分前后为宜。经过沙藏处理的种子，一般在3月中旬至4月上旬播种，当地表以下10厘米地温8～10℃时为适宜播种期，这时发芽快，出苗整齐，但需随时检查沙藏种子的发芽情况，发现30%以上种子的尖端露白时，就要及时播种。在较寒冷的地方，以春播为好。

四、播种量

根据种子质量，确定播种量。一般情况下，每667平方米播纯净种子60千克，毛种子120千克以上。

五、苗期管理

经过处理的种子，由于种子贮藏和处理方法不同，一般在播种后10～20天陆续出苗。为了培育健壮的苗木，必须加强管理，及时中耕除草、施肥浇水、防治病虫害等。

1.间苗移苗。幼苗长到5～10厘米时，要及时进行间苗、定苗。为了培育壮苗，苗距要保持10厘米左右，每667平方米定苗2万株左右。间出的幼苗，可带土移到缺苗的地方，也可移到别的苗床上培育，只要加强管理，同样可培育出壮苗。移栽幼苗以长出3~5片真叶时为好，阴天或傍晚移栽可提高成活率。

2.防止日灼。幼苗刚出土时，如遇高温暴晒的天气，其嫩芽先端往往容易枯焦，称为"日灼"，群众称为"烧芽"。播种后在床面上覆草，能调节地温，减少蒸发，有效地防止日灼。幼苗出土后，要适时撤去覆草。过早达不到覆草的目的，过晚则影响幼苗的生长。覆草要分期分批撤去，一般从苗木出齐开始，到幼苗长出2片真叶时可全部撤除。

3.中耕除草。中耕除草可以疏松土壤、减少蒸发、清除杂草、防止土壤板结，有利于苗木的生长发育。当幼苗长到10~15厘米时，要适时拔除杂草，以免与苗木争肥、争水、争光。以后应根据苗圃地杂草生长情况和土壤板结情况，随时进行中耕除草，使苗圃地保持土壤疏松、无杂草。

4.施肥灌水。花椒苗出土后，5月中下旬开始迅速生长，6月中下旬进入生长最盛期，也是需肥水最多的时期。这段时间，要追肥1~2次，主要追施速效氮肥，以促进苗木生长。追肥量，每667平方米施硫酸铵20~25千克或腐熟人粪尿1000千克左右。对生长偏弱的，可于7月上中旬再追一次速效氮肥，追施氮肥不可过晚，否则苗木不能按时落叶，木质化程度差，不利于苗木越冬。幼苗出土前不宜灌水，否则土壤易板结，幼苗出土困难。一般施肥后随即灌1次水，使其尽快发挥肥效。雨水过多的地方要注意及时排水防涝，避免积水。

5.防治病虫害。花椒苗期病虫害的发生，对苗木的生长发育影响很大。主要病害有叶锈病；主要虫害有蛴螬、花椒跳甲、蚜虫、红蜘蛛等。要本着"防重于治"的原则，及时防治。

第三节　苗木出圃和检疫

一、苗木出圃

花椒苗出圃是育苗工作中的最后一个环节。出圃工作的好坏与苗木的质量和栽植成活率有直接关系。出圃前应做好出圃的各项准备工作。

1.起苗。起苗的适宜时期，是秋季苗木停止生长并开始落叶时进行。秋季出圃的苗木可进行秋植或假植，春季起苗可减少假植工序。雨季带叶栽植的花椒苗，必须是就近栽植，随起苗随栽植，最好带土起苗。起苗前若土壤干燥，应充分灌水，待土壤稍干时再起苗，以免损伤过多的须根。刨出的苗木要及时根据苗木大小、质量好坏分级。苗木不能及时栽植时，可进行短期假植，挖浅沟把苗木根系用土埋住。秋季起苗翌年春季栽植时，则需进行越冬假植。越冬假植应选地势平坦避风干燥处，挖40～50厘米深的假植沟，将苗木倾斜放入沟内，根部用湿沙土填充，一般应培土达苗高的1/3以上，寒冷多风地区，要求将苗木全部埋入土内。

2.分级与修整。起苗后，应立即移至背阴无风处，按照苗木出圃规格进行选苗分级。残次苗、砧木苗要分别存放，分别处理。为便于包装、运输，亦可对过长、过多的枝梢进行适当修剪。

二、苗木检疫

为了保证苗木质量，苗木出圃时要严格检验，确保花椒生产的顺利发展。发现带有检疫对象的苗木，不论是在调运途中还是已经栽植，都应立即集中烧毁，其他病虫害也应严加控制。苗木出圃后，须经过国家检疫机关或接受委托的专业人员严格检验并签发证明才能调运。

三、包装运输与贮藏

就近栽植的，要蘸浆或用湿麻袋遮盖根部，防止外露失水。外地用苗，要及时按要求包装调运。苗木包装材料要符合相关规定。冬季调运苗木，还要做好防寒保湿工作。要在秋季起苗贮藏假植的，必须选择背风、平坦、排水良好、土质疏松的地块南北方向挖沟，沟宽1米，沟深以苗木高矮、沟长以苗木多少而定。假植时，将分级、挂牌、解除包装的苗木向南倾斜置于沟中，分层排列，苗木间填入疏松的湿土，使土壤与根系密接，最后覆土厚度可达苗高的1/2～2/3，并高出地面15～20厘米，以利排水。如利用菜窖贮藏苗木，根部覆盖湿沙土即可。

第四章　花椒建园

第一节　园地选择

一、适地适树

适地适树就是使花椒的生态学特性和建园地的立地条件相适应，充分发挥其生产潜力，以达到花椒在该立地条件下可能达到的较高产量水平。这是花椒栽培上的一项基本原则，如果违背了这个原则，即使采用了正确、先进的技术措施，也不可能达到预期的效果，甚至导致建园的失败。

具体说就是要根据花椒的生物学特性、适应性、抗逆性等选择气候和土壤条件，尤其是小气候条件适宜的地段，作为园址。花椒树较适于丘陵、坡地栽培。黄土高原海拔700~1300米左右均有花椒分布。在坡地，应选择25度以下的地形栽植花椒，并修筑水土保持工程。在谷地或洼地的下部易积聚冷空气，引起霜害，不宜定植椒园。坡向宜背风向阳。

二、集中连片

集中连片建园，便于经营管理、机械化作业和运用高新技术，迅速形成商品规模和生产基地，以扩大知名度，参与市场竞争。

三、土壤肥力条件

花椒虽能适应多种类型土壤，但对黄黏土、碱地、洼地适应性较差，一般仍以沙壤土为好。要求土层深厚，一般在50厘米以上，最好在80~100厘米，且土壤中不含有毒物质。土质疏松，通透性好，孔隙度在10%以上，确保根系正常生长。土壤pH以中性或微碱性较好。地下水位以不超过1米为宜。一般不宜在重黏土、火山灰土、沙砾过多土、红色酸性土上或土层过薄的地方建园。

第二节 椒园规划设计

搞好椒园规划设计，是栽椒前的一项重要工作。建园一定要有统一规划，遵循节约土地、合理用地的原则。由县、乡（镇）、村负责，根据椒园面积大小，进行总体设计，安排好田间作业路、作业区、防护林、排灌系统、水保工程、仓库、机械库、贮藏库、饲养场、加工厂、办公室（区）等，绘出详细规划图。规划图上除简要反映出地形、地物、村庄、道路外，主要应标记出栽植部位、面积、用苗量和栽植年度。

规划应在当地经济发展综合规划基础上进行，要着眼当前，考虑长远，做到以椒促农，以椒保农，增加经济收入，改善生态环境。规划前应收集有关资料，如社会经济状况、自然概况、林业情况、图面和其他资料。在分析各种资料基础上提出初步的设想，然后进行现场调查，编制初步方案，绘制规划图。在充分听取各方面意见的基础上，讨论修改，最后定案。

规划方案包括椒园布局、整地和栽植方法、栽植密度等，并扼要说明。同时对苗木的需要量、用工、畜力、机具及各种投资进行预算，并注明投资来源。

规划设计包括水土保持林营造、梯田整修、道路修筑、排灌系统设置，以及品种安排、栽植方法等。

各地具体情况千差万别，椒园规模大小不等，应因地制宜、灵活规划、精细设计。

一、栽植密度

合理的栽植密度，不仅有利于早实丰产，还能保证椒园较长时期内有良好的群体结构，便于各项田间管理。栽植密度，依栽培方式、立地条件，栽培品种和管理水平不同而异，总的要求应以单位面积能够获得高产、稳产、便于经营管理为原则。集中连片的椒园，土层深厚、土质较好、肥力较高的地方，株行距应大些；土层较薄、土质较差、肥力较低的山地，株行距应小些。如土层深厚、土质较好、肥力较高的地方，栽植密度一般为3米×4米、4米×4米、4米×5米；土层较薄、土质较差、肥力较低的山地，一般为2米×3米、3米×3米。山地较窄的梯田，则应灵活掌握，一般是一个台面栽一行，台面大于4米时，可栽2行，株距为4～5米，行距以地宽窄而定。

二、栽植方式与配置

从优质生产和便于田间操作考虑，栽植方式虽然多种多样，但以单行、长方形（宽行、窄株）栽植方式为宜。其优点：群体光照好，花椒品质佳，便于机械化作业。至于行向问题，在中纬度地区，平地椒园以南北行向较好，树冠的东、西两面受光均匀，且比东西行树冠多吸收直射光13%左右；山地花椒园多以梯田的自然走向或沿等高线栽植确定行向较好，可以充分用地。

第三节　花椒建园

一、栽前准备

1.苗木准备。苗木健壮是保证成活和提早结果的基础，花椒栽植多采用1～2年生苗，要求品种优良，主侧根完整，须根较多，苗高60厘米以上，根径粗0.7厘米以上，芽子饱满。保护椒苗的重点是根系，特别是根尖部分。

栽植前对椒苗的处理首先应适当截干。其次在栽植前对根系也要修剪，栽植前把苗根在水里浸泡一下，或把根系在稀泥浆里蘸一下，是提高椒苗成活率的有效措施。浸水、蘸浆处理，对于远途运输的椒苗更为重要。

2.品种配置。在建立大面积椒园时要注意不同品种的搭配，注意早、中、晚品种的搭配，以增加树体的抗性和延长整个椒园的采收期。若品种单一，不但病虫害严重，成熟期也过于集中，给适时采收带来一定的困难。陕西凤县在花椒建园时，就特别注意不同品种的搭配。该县常采用的搭配方式是将大红袍、豆椒和枸椒搭配在一起，其搭配比例为大红袍：豆椒：枸椒=6：3：1。凤县的大红袍在7月中下旬成熟，豆椒在8月中旬成熟，而枸椒在9月成熟，这样既提高了椒园的抗性，又为采收提供了方便，同时，优质品种大红袍的比例大，也提高了产品的经济效益，是一种比较好的搭配方式。结合当地的特点，选择适合当地生长的花椒品种，进行合理的搭配。

二、栽植时期

花椒栽植通常分春栽和秋栽两种，北方干旱山区也可在雨季栽植。

1.春季栽植。早春土壤解冻后至发芽前均可栽植，宜早不宜迟，随挖随栽，成活率高。若从外地调苗，一定要保湿包装，保护好苗根。栽前用湿水浸泡半天以上，栽后浇足定根水。方法是将须根埋完后，顺苗木干部倒1千克左右清水，待无明水时，再覆土埋严，距地表10厘米左右处截干，可提高成活率。

2.秋季栽植。秋后抓紧整地，在土壤封冻以前20多天栽植，栽后截干，并修一土丘，防寒越冬，翌年树木发芽时刨去土丘，成活率可达90%左右。秋季栽植的好处是根系与土壤密接，伤口愈合早，成活率高，生长健壮。但冬季较寒冷，必须做好越冬保护，以防"抽条"和冻害。

3.雨季带叶栽植。北方干旱石质山地，无灌水条件时，可在雨季趁墒栽植。雨季栽后要有2～3天以上连阴雨天，才能保证成活。雨季栽植首先要整好地，及时收听天气预报，抓住有利时机，才能获得较好的效果。雨季栽植要用小苗，一般多选用一年生苗木，栽植时尽可能多带胎土，以利成活。同时必须就地育苗，就近栽植，随起苗随栽植，避免长途运输。韩城、凤县椒农近年来利用阴雨天栽植花椒，成活率达百分之百。

三、栽植方法

栽植时，按规划的栽植点挖栽植穴。栽植穴深、宽为60～80厘米的大圆坑，在挖坑时先把上层较肥沃的土放在一边，下层的生土放在另一边。栽植时把化肥（过磷酸钙）、厩肥或堆肥与土混合在一起，先放在栽植穴内呈一个中间略高的小丘形，然后将苗放在穴内，一人植苗一人填土，填到一半时用脚踩一下，使根和土密接，再将苗轻轻向上提一提，使根系自然舒展。若在大片平地上栽植，要前后左右对齐。填入表土时要把椒苗轻轻振动，让土自然沉入根系中，边填边踏实，不要把苗根埋得太深或太浅，太深太浅都会影响椒苗的生长和结果。比较适当的深度是将根茎处埋入地面以下2～3厘米处。栽苗后立即灌水，无灌水条件的要把水灌足，待水渗完后用干土覆在上面，将穴封好防止蒸发，栽完后剩下的余土，在穴边修成土埂，以利灌溉和收集雨水。

四、栽后管理

1.埋土防寒。为了避免冬季冻害和日灼等伤害，秋栽后需立即埋土防寒。风大时即使春栽，亦需埋土保墒，防止风吹，待萌芽时及时去土。

2.补水。为了确保成活，有灌水条件的地区，应在春栽后半月内再灌1次水。秋栽苗木亦应在春季补灌一次，浇水后需要覆土3～5厘米，以利保墒。

3.查苗及补植。栽植后，到夏季检查一次成活情况，已死的应及时进行补植，以保全苗。

4.防止病虫及兽害。新栽花椒树主要有金龟甲、蚜虫、刺蛾、凤蝶等危害，应及时防治；兽害主要是鼢鼠和野兔，应在苗木上缚上带刺的树枝或涂刷带恶臭味的保护剂，如石硫合剂渣滓等，以防兽害，也可投药灭鼠或人工捕杀。

第五章　花椒整形修剪

第一节　整形修剪的主要作用

一是培养树形，平衡树势。

二是能控制和调节树体营养物质的分配、运输和利用，调节大小年。

三是通风透光，提高坐果率。

四是可以提高光合效能，延长结果年限。

第二节　整形修剪的时期与方法

一、修剪时期

花椒的修剪，一般可分为冬季修剪和夏季修剪两种。从花椒树落叶后到翌年发芽前这一段时间内进行的修剪叫冬季修剪，也叫休眠期修剪。在花椒树生长季节进行的修剪叫夏季修剪。实践证明，在1、2月间进行修剪为最好，幼树可在埋土防寒前修剪。冬季修剪能促进生长，夏季修剪能促进结椒。对于幼旺树，在秋季枝条基本停止生长时进行修剪，剪去枝条的不充实部分，可以改善光照条件，充实枝芽，有利于越冬。

二、修剪方法

冬季修剪通常采用短截、疏剪、缩剪、甩放等方法。夏季修剪使用的方法有开张角度、抹芽、除萌、疏枝、摘心、扭梢、拿枝、刻伤、环剥等。

1.短截。短截是剪去一年生枝条的一部分，留下另一部分，这是花椒树修剪的重要方法之一，也叫短剪。短截依据剪留枝条的长短，有轻短截、中短截、重短截和极重短截。不同程度短截的修剪反应如图5-1。

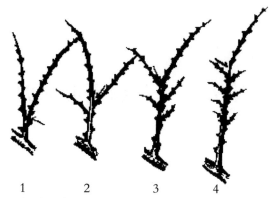

1.极重短截；2.重短截；3.中短截；4.轻短截

图5-1　不同程度短截的反应

（1）轻短截。剪去枝条的少部分，截后易形成较多的中、短枝，单枝生长较弱，但总生长量大，母枝加粗生长快，可缓和枝势。

（2）中短截。在枝条春梢中上部分的饱满芽处短截。截后易形成较多的中、长枝，成枝力高，单枝生长势较强。

（3）重短截。在枝条中下部分短截，截后在剪口下易抽生1～2个旺枝，生长势较强，成枝力较低，总生长量较少。

（4）极重短截。截到枝条基部弱芽上，能萌发1～3个中短枝。成枝力低，生长势弱。有些对修剪反应比较敏感的品种，也能萌发旺枝。

2.疏剪。把枝条从基部剪除的修剪方法叫疏剪，也叫疏枝、疏删。

3.缩剪。一般是指将多年生枝短截到分枝处的剪法，也叫回缩。缩剪的作用，常因缩剪的部位、剪口的大小以及枝的生长情况不同而异。如缩剪的剪口小，剪口枝比较粗壮时，则缩剪可使剪口枝生长加强；如剪口大，剪去的部分多，则缩剪能使剪口枝生长削弱，而使剪口第二、第三枝增强。因此，对骨干枝在多年生部位缩剪时，有时要注意留辅养桩，以免削弱剪口枝，使下部枝转强（见图5-2）。

4.甩放。又叫缓放、长放，对一年生枝不剪叫"长放"。不论是长枝还是中枝，与短截比较，甩放都有缓和新梢生长势和降低成枝力的作用。长枝甩放后，枝条的增粗现象特别明显，而且发生的中、短枝数量多。

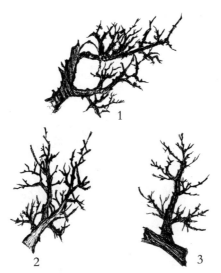

1.处理交叉枝；2.转主换头；3.复壮枝组

图5-2　缩剪

5.伤枝。包括刻伤、环剥、拧枝、扭梢、拿枝软化等。春季发芽前，在枝或芽的上方或下方，用刀横割皮层深达木质部而成半月形，称为刻伤或目伤。在枝芽上刻伤，能阻碍从下部来的水分和养分，有利芽的萌发并形成较好的枝条。反之，在枝芽下部刻伤，就会抑制枝芽的生长，促进花芽形成和枝条的成熟。

6.曲枝。将直立或开张角度小的枝条，采用拉、别、盘、压等方法使其改变为水平或下垂方向生长的措施叫曲枝。曲枝能改变枝条的顶端优势，在一定程度上限制了水分、养分的流动，缓和枝条的生长势，使顶端生长量减小。

第三节　幼树的整形修剪

幼树整形修剪的目的是依据花椒树的生长特性和立地条件，通过人工诱导使花椒幼树形成合理的树形结构。常见的幼树（栽植3年以内）整形修剪方法有以下几种。

一、自然开心形

是在杯状形基础上改进的一种树形。一般干高30～40厘米，在主干上均匀地分生3个主枝，在每个主枝的两侧交错配备2～3个侧枝，构成树体的骨架。在各主枝和侧枝上配备大、中、小各类枝组，构成丰满均衡的树冠（见图5-3）。自然开心形，符合花椒自然生长特点，长势较强，骨架牢固，成形快，结果早，各级骨干枝安排比较灵活，便于掌握，易成形。

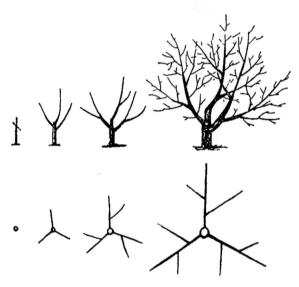

图5-3　自然开心形

自然开心形的整形修剪方法：通常定干高度40～60厘米，定干时要求剪口下10～15厘米范围内有6个以上的饱满芽。这些芽子分布的部位叫"整形带"。苗木发芽后，要及时抹除整形带以下的芽子，以节省养分，促进整形带内新梢的生长，如果栽植2年生苗木，在整形带已有分枝的，可适当短截，保留一定长度，合适时可作主枝。新梢长到30～40厘米以上，这时可初步选定3个主枝，其余新梢全部摘心，控制生长，作为辅养枝。使3个主枝间隔15厘米左右，且向不同方位生长，使其分布均匀，相互水平夹角约为120度。主枝开张角度宜在40度左右。水平夹角和开张角度不符合要求时，可用拉枝、支撑或剪口芽调整的办法解决，主枝间的长势力求均衡。主枝一般剪留长度为35～45厘米。3个主枝以外的枝条，凡重叠、交叉、影响主枝生长的一律从基部疏除，不影响主枝生长的可适当保留辅养枝，利用其早期结果，待以后再根据情况决定留舍。对各主枝的延长枝进行短截，选留好延长枝。延长枝可适当长留。剪留长度为45～50厘米：要继续采用强枝短留、弱枝长留的办法，使主枝间均衡生长。当竞争枝的长势已超过延长枝，位置又比较合适时，可改用竞争枝为枝头。如果竞争枝和延长枝长势相差不大时，一般应对竞争枝重短截，过一二年后再从基部剪除。如竞争枝弱于延长枝时，可将竞争枝从基部剪除。同时，应注意剪口芽的方向，用剪口枝调整主枝的角度和方向。要注意选留各主枝上的第一侧枝，第一侧枝距主干30～40厘米，各主枝上的第二侧枝一般剪留50～60厘米。继续控制竞争枝，均衡各主枝的长势。同时注意各主枝的角度和方向，使主枝保持旺盛的长势。各主枝上的第二侧枝，要选在第一侧枝对面，相距25～30厘米处的枝条。最好是斜上侧或斜平侧，不宜选斜下侧。第二侧枝的夹角，以45～50度为宜。对于骨干枝以外的枝条，在不影响主枝生长的情况下，应尽量多留，增加树体总生长量，迅速扩大树冠。这一时期，辅养枝处理得当与否，对早结果、早丰产影响很大。除疏除过密的长旺枝外，其余枝条均宜轻剪缓放，使其早结果，待结果后，再根据情况适时回缩。

二、丛状形（簇状开心形）

丛状形的最大特点是没有中央领导干。在主干基部分生3～4个主枝，使其向不同方向均匀分布。主枝的基角（主枝基部与中心干的夹角）45～50度，腰角（主枝中部与中心干的夹角）30～35度，由于主枝生长较直立，每个主枝距主干40厘米左右处着生第一侧枝，第一侧枝留背后侧枝，形成第一层。第一侧枝以上60厘米左右处相错着生2个背斜侧枝，形成第二层，其上再着生第三层侧枝。由于主枝角度小，必须重视侧枝的选留和培养。同时里侧枝又能培养不同类型的枝组，使其呈开心形。这种树形通风透光好，主枝角度小，衰老较慢，寿命较长，适宜半开张的大红袍等品种。但由于主枝较直立，侧枝培养比较困难。

第四节 结椒树的整形修剪

一、结果初期的修剪

花椒从第三年或第四年开始结果，一般从结果开始到第六年形成少量产量，这一段时间是结果初期。树体骨架已基本形成，虽然结果量逐年增加，但营养生长仍占主导地位。这一时期的修剪任务是，在适量结果的同时，继续扩大树冠，培养好骨干枝，调整骨干枝长势，维持树势的平衡和各部分之间的从属关系，有计划地培养结果枝组，处理和利用好辅养枝，调整好生长和结椒的矛盾，合理利用空间，为盛果期稳产、高产打下基础。

1.骨干枝的修剪。以自然开心形的树体结构为例，初果期虽然主、侧枝头一般不再增加，但仍需继续加强培养，使其形成良好的树体骨架。各骨干枝延长枝剪留长度，应根据树势而定，随着结果数量的增加，延长枝剪留长度应比前期短，一般剪留30～40厘米，树势旺的可适当留长一点，细弱的可适当短一点。在这一时期要维持延长枝头45度左右的开张角度。对长势强的主枝，可适当疏除部分强枝，多缓放，轻短截；对弱主枝，可少疏枝，多短截。应及早控制背后枝生长，削弱生长势，以利结椒。对生长较弱背后枝更新复壮。对背后枝、下垂枝总的原则是尽量利用，注意观察，灵活采取措施，以扩大树冠为目的，多结椒为准则。对于徒长枝，在幼树整形期间，要控制其生长。控制的办法可采取重短截、摘心等措施。在结椒期，可把徒长枝适当培养成结椒枝组，或补充空间，增大结椒面积。对生长旺的直立徒长枝，一定要在夏季摘心，或冬季在春秋梢分界处短截，促生分枝，削弱生长势。当徒长枝改成结椒枝组后，若先端变弱，后部光秃，又无生长空间时，应及时重短截。

2.辅养枝的利用和调整。在主枝上，未被选为侧枝的大枝，可按辅养枝培养、利用和控制。在初果期，辅养枝既可以增加枝叶量，积累养分，圆满树冠，又可以增加产量。只要辅养枝不影响骨干枝的生长，就应该轻剪缓放，尽量增加结果量。当辅养枝影响骨干枝生长时，必须为骨干枝让路。影响轻时，采用去强留弱，适当疏枝，轻度回缩的方法，控制在一定的范围内；严重影响骨干枝生长时，则应从基部疏除。

3.结果枝组的培养。结果枝组是骨干枝和大辅养枝上的枝群，经过多年的分枝，转化为年年结果的多年生枝。结果枝组可分为大、中、小3种类型。一般小型枝组有2～10个分枝，中型枝组有10～30个分枝，大型枝组有30个以上的分枝。花椒连续结果能力强，容易形成鸡爪状结果枝群，必须注意配置相当数量的大、中型结果枝组。由于各类枝组的生长结果和所占空间的不同，枝组的配置要做到大、中、小相间，交错排列。一年生枝培养结果枝组的修剪方法，有以下几种：

（1）先截后放法：选中庸枝，第一年进行中度短截，促使分生枝条，第二年全部缓放，或疏除直立枝，保留斜生枝缓放，逐步培养成中、小型枝组（见图5-4）。

图5-4　先截后放法

（2）先截后缩法：选用较粗壮的枝条，第一年进行较重短截，促使分生较强壮的分枝，第二年再在适当部位回缩，培养成中、小型结果枝组（见图5-5）。

图5-5　先截后缩法

（3）先放后缩法：适用于较弱的中庸枝，缓放后很容易形成具有顶花芽的小分枝，第二年结果后在适当部位回缩，培养成中、小型结果枝组（见图5-6）。

图5-6　先放后缩法

（4）连截再缩法：多用于大型枝组的培养，第一年进行较重短截，第二年选用不同强弱的枝为延长枝，并加以短截，使其继续延伸，以后再回缩（见图5-7）。

图5-7　连截再缩法

二、结果盛期的修剪

花椒一般定植6～7年后，开始进入盛果前期，结果盛期修剪主要是调节生长和结果之间的关系，维持健壮而稳定的树势，继续培养和调整各类结果枝组，维持结果枝组的长势和连续结果能力，实现树壮、高产、稳产的目的。

1.骨干枝修剪。在盛果初期，如果主侧枝未占满株行距间的空间，对延长枝采取中短截，仍以壮枝带头。盛果期后，外围枝大部分已成为结果枝，长势明显变弱，可用长果枝带头，使树冠保持在一定的范围内。同时要适当疏间外围枝，达到疏外养内、疏前促后的效果，以增强内膛枝条的长势。盛果后期，骨干枝的枝头变弱，先端开始下垂，这时应及时回缩，用斜上生长的强壮枝带头，以抬高枝头角度，复壮枝头（见图5-8）。要注意保持各主枝之间的均衡和各级骨干枝之间的从属关系，采取抑强扶弱的修剪方法，维持良好的树体结构。对辅养枝的处理，在枝条密集的情况下，要疏除多余的临时性辅养枝，有空间的可回缩改造成大型结果枝组。永久性辅养枝要适度回缩和适当疏枝，使其在一定范围内长期结果。

图5-8　抬高枝头角度

2.结果枝组的修剪。盛果期产量的高低和延续年限的长短，很大程度上取决于结果枝组的配置和长势。花椒进入盛果期后，一方面在有空间的地方，继续培育一定数量的结果枝；另一方面，要不断调整结果枝组，及时复壮延伸过长、长势衰弱的结果枝组，维持其生长结果能力。结果枝组的数量与产量关系很大，枝组过少，树冠不丰满，结果枝数量少，产量低；枝组过多，通风透光条件差，容易引起早衰，每一果穗平均结果粒数少，产量也会降低。合理的枝组密度是大、中、小结果枝组的比例大体上为1∶3∶10。随着树龄的增加，这种比例关系也会发生变化。小型枝组容易衰退，要及时疏除细弱的分枝，保留强壮分枝，适当短截部分结果后的枝条，复壮树体生长结果能力。中型枝组要选用较强的枝带头，稳定生长势，并适时回缩，防止枝组后部衰弱。大型枝组一般不容易衰退，重点是调整生长方向，控制生长势，把直立枝组引向两侧，对侧生枝组不断抬高枝头角度，采用适度回缩的方法，不使其延伸过长，以免枝组后部衰弱。各类结果枝组进入盛果期后，对已结果多年的枝组要及时进行复壮修剪。复壮修剪一般采用回缩和疏枝相结合的方法，回缩延伸过长、过高和生长衰弱的枝组，在枝组内疏间过密的细弱枝，提高中、长果枝的比例。内膛结果枝组的培养与控制很重要，如果不及时处理或处理不当，由于枝条生长具有顶端优势的特性，内膛枝容易衰退，特别是中、小型枝组常干枯死亡，造成骨干枝后部光秃，结果部位外移，产量锐减，而直立的大、中型枝组，往往延伸过高，形成树上长树，扰乱树形，产量也会下降。所以，在修剪中更需注意骨干枝后部中、小枝组的更新复壮和直立生长的大枝组的控制。

3.结果枝的修剪。适宜的总枝量，合理的营养枝和结果枝的比例是树体生长结果的基础。盛果期树，结果枝一般占总枝量的90%以上。粗壮的长、中果枝每果穗结果粒数明显多于短果枝，且产量与每果穗结果粒数关系很大。所以，保持一定数量的长、中果枝是高产稳产的关键。据对盛果期丰产树的调查，在结果枝中，一般长果枝占10%～15%，中果枝占30%～35%，短果枝占50%～60%。一般丰产树按树冠投影面积计算，1平方米有果枝200～250个。结果枝的修剪，因为花椒以顶花芽结果，修剪方法应以疏剪为主，疏剪与回缩相结合，疏弱留强，疏短留长，疏小留大。

4.除萌和徒长枝的利用。花椒进入结果期后，常从根颈和主干上萌发很多萌蘗枝。随着树龄的增加，萌蘗枝也愈来愈多，有时一株树上多达几十条。这些萌蘗枝消耗大量养分，影响通风透光，扰乱树形，应及早抹除。萌蘗枝多发生在

5～7月，除萌应作为这一期间的重要管理措施。盛果期后，特别是盛果末期，骨干枝先端长势弱，当骨干枝回缩过重，局部失去平衡时，内膛常萌发很多徒长枝，这些枝长势很强，不仅消耗大量养分，也常造成冠内紊乱，要及早处理。凡不缺枝部位生长的徒长枝，应及时抹芽或及早疏除，以减少养分消耗，改善光照。骨干枝后部或内膛缺枝部位的徒长枝，可改造成为内膛枝组，其方法是选择生长中庸的侧生枝，于夏季长至30～40厘米时摘心，冬剪时再去强留弱，引向两侧（见图5-9）。

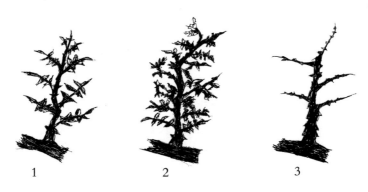

1.摘心；2.萌发副梢；3.冬剪回缩

图5-9　利用徒长枝培养结果枝组

三、衰老树的修剪

衰老树修剪也叫更新修剪。花椒进入衰老期，树势衰弱，骨干枝先端下垂，出现大枝枯死，外围枝生长很短，多变为中短果枝，结椒部位外移，产量开始下降。但衰老期是一个很长的时期，如果在树体刚衰退时，能及时对枝头和枝组进行更新修剪，就可以延缓衰老程度，仍然可以获得较高的产量。衰老期修剪的主要任务：及时而适度地进行结果枝组和骨干枝的更新复壮，培养新的枝组，延长树体寿命和结果年限。为了达到以上目的，首先，应分期分批更新衰老的主侧枝，但不能一次短截得过重，造成树势更衰。应分段分期进行短截，待后部分复壮了，再短截其他部位。其次，要充分利用内膛徒长枝、强壮枝来代替主枝，并重截弱枝留强枝，短截下部枝条留上部的枝条。对外围枝，应先短截生长细弱的，采用短截和不剪相结合的办法进行交替更新，使老树焕发结椒能力。衰老树更新修剪的方法，依据树体衰老程度而定，树体刚进入衰老期时，可进行小更新，以后逐渐加重更新修剪的程度。当树体已经衰老，并有部分骨干枝开始干枯时，即须进行大更新。小更新的方法是对主侧枝前部已经衰弱的部分进行较重的回缩，一般宜回缩在4～5年生的部位。选择长势强、向上生长的枝组，作为主侧枝的领导枝，把原枝头去掉，以复壮主侧枝的长势。在更新骨干枝头的同时，必须对外围枝和枝组也进行较重的复壮修剪，用壮枝壮芽带头，以使全树复壮。大更新一般是在主枝1/3～1/2处进行重回缩（见图5-10）。回缩时应注意留下的带头枝具有较强的长势和较多的分枝，以利于更新。当树体已经严重衰老，树冠残缺不全，主侧枝将要死亡时，可及早培养根颈部强壮的萌蘖枝，重新构成树冠。一般选择不同方向生长的强萌蘖枝3～4个，注意开张角度，按培养主侧枝的要求进行修剪，待2～3年后，把原树头从主干基部锯除，使萌蘖枝重新构成丛状树冠（见图5-11）。

　　利用萌蘖枝更新主枝修剪时要注意把干枯枝、过密枝、病虫枝首先剪掉，对剪下的病虫枝一定要烧毁，以免继续传染繁殖。花椒树的萌枝力较强，对老树还可以采取伐后萌蘖更新，让其长出新的枝条，重新培养树冠。这样从根部萌发的新树，第二年以后则可重新结椒，并可继续结椒15～20年。

图5-10　骨干枝在更新处进行重回缩

图5-11　利用萌蘖枝更新主枝

第五节　放任椒树的修剪与改造

放任树一般管理十分粗放，椒农不进行修剪，任其自然生长，产多少算多少。放任树的表现是，骨干枝过多，枝条紊乱，先端衰弱，落花落果严重，每果穗结果粒很少，产量低而不稳。放任树改造修剪的任务：改善树体结构，复壮枝头，增强主侧枝的长势，培养内膛结果枝组，增加结果部位。

一、放任树的修剪方法

放任树的树形是多种多样的，应本着因树修剪、随枝作形的原则，根据不同情况区别对待。一般多改造成自然开心形，有的也可改造成自然半圆形，无主干的改造成自然丛状形。放任树一般大枝（主侧枝）过多，首先要疏除扰乱树形严重的过密枝，重点疏除中后部光秃严重的重叠枝、多叉枝。对骨干枝的疏除量大时，一般应有计划地在2～3年内完成，有的可先回缩，待以后分年处理。要避免一次疏除过多，使树体失去平衡，影响树势和当年产量。树冠的外围枝，由于多年延伸和分枝，大多数为细弱枝，有的呈下垂枝。对于影响光照的过密枝，应适当疏间，去弱留强；已经下垂的要适度回缩，抬高角度，复壮枝头，使枝头既能结果，又能抽生比较强的枝条。结果枝组的复壮：对原有枝组，要采取缩放结合的方法，在较旺的分枝处回缩，抬高枝头角度，增强生长势，提高整个树冠的有效结果面积。

疏除过密大枝和调整外围枝后，骨干枝上萌发的徒长枝增多，无用的要在夏季及时除萌以免消耗养分。同时要充分利用徒长枝，有计划地培养内膛结果枝组，增加结果部位。内膛枝组的培养，应以大、中型结果枝组和斜侧枝组为主。衰老树可培养一定数量的背上枝组。

二、放任树的分年改造

放任树的改造，要因树制宜，不可千篇一律，既要加速改造，又不可操之过急。根据各地经验，大致可分三年完成。第一年以疏除过多的大枝为主，同时要对主侧枝的领导枝进行适度回缩，以复壮主侧枝的长势。第二年主要是对结果枝组复壮，使树冠逐渐圆满。对枝组的修剪，以缩剪为主，疏缩结合，使全树长势转旺。同时要有选择地利用主侧枝中后部的徒长枝培养成结果枝组。第三年主要是继续培养好内膛结果枝组，增加结果部位，更新衰老枝组。

第六节　采椒后的果园管理

一、采椒后的树体管理

花椒采后树体管理如何，直接影响树体的营养、花芽分化和来年的开花结果，特别是低产树，在椒果采收后，加强树体管理更为重要，这是改造低产椒树的重要环节，决不能放松管理，具体应抓好以下几点：

1.保护叶片。花椒采收以后，叶片制造的养分转向树体的营养积累。必须使花椒在采收后到落叶前一直保持叶片浓绿和完整。为此，除做好必要的病虫防治外，可进行叶面喷肥。

2.秋施基肥。秋施基肥能显著地提高叶片的光合作用，对恢复当年树势和来年的生长结果等，都起着举足轻重的作用。施肥种类以土粪为主，并适量添加化肥掺匀施入。一般结果盛期树，每株施50千克土粪加0.5千克复合肥，采用开沟施肥法，在树冠投影外围挖两条深40厘米的沟，扫净落叶填入沟底，再放入肥料，将沟填平。秋施基肥一般从9月开始至椒树落叶前均可进行，但以早施效果为好。控制旺树生长，确保树体安全越冬。幼树或遭受冻害的花椒树，一般当年结椒少，树势较旺，枝条木质化程度较差，越冬比较困难。对这类树采椒后至9月底，应向树体喷洒2次15%的多效唑500～700倍液，2次喷洒的间隔期10～15天。同时，对幼旺树或大树旺枝进行拉枝处理，达到缓和树势、控制旺长的目的。

3.防治病虫害。采摘椒果后，要及时剪除干枯枝和死树，清除椒园落叶和杂草，集中烧毁，减少越冬病原和虫口密度。对遭受花椒锈病、花椒落叶病和花椒跳甲、潜叶蛾等病虫危害严重的花椒园，采椒后应尽快喷洒15%粉锈宁粉剂1000倍液加40%水胺磷1000倍液，或50%的托布津可湿性粉剂300～500倍液加敌杀死2000倍液，可减轻来年危害。护埂培土，保护根系：在丘陵山区、沟坡地带，摘椒后可利用雨后墒情抓紧修补损毁地埂和埝畔，为露根培土，夯实埂体，使其坚固完整。"核桃不结放风，花椒结罢土封"。每隔一定时期，在树干周围壅一层新土，将裸露在外的根系埋住，增加根群上面的土壤，有利于花椒的根系向纵深发展，以吸收更多的养分，开花结果。

4.树干涂白。冬季树干涂白不仅有利于椒树安全过冬，而且可以有效地防治病虫害，特别对树皮上的越冬病菌具有很强的杀伤作用。

二、大小年的调整

花椒大小年虽没有其他果树明显，但也有大小年现象，只要进行合理修剪，加强树体管理，花椒大小年就可以克服。为此，在整形修剪和树体管理过程中，必须结合花椒大小年特点进行合理修剪和树体管理。具体做法：在欠收年，适当少剪枝条，多留花穗，维持树势，争取来年高产；在丰收年，适当多剪枝条，控制其结果量，加强后期管理，增加树体营养，促其形成较多的饱满花芽，为来年丰产打好基础。只有这样，才能逐渐复壮树势，变欠收年为丰产年。总之，要很好解决花椒大小年问题，仅靠修剪远远不够，必须综合考虑，如选择结果习性良好的品种进行栽植，栽植后加强土、肥、水管理，加强病虫害防治，加强树体管理。只有这样，才能真正解决花椒大小年现象，才能达到高产、稳产。

第六章　花椒病虫害防治

第一节　林业生态措施控制病虫害

通过改善生态环境，应用抗病虫品种等一系列的栽培管理技术，有目的地改变椒园生态系统中某些因素，从而有利于有益生物的生存，抑制病害的侵染、扩展，控制害虫的种群增长速度，达到控制病虫发生，减轻灾害程度，获得生产优质、安全农产品的目的。

林业生态措施是一项古老而有效的病虫控制技术，方法灵活、多样、经济、简便，不存在杀伤天敌、农药残留和环境污染等问题。

一、选育抗病虫品种

选育抗病虫品种是预防病虫害的重要一环，同一树种由于经过长期的自然选择和人工选择，形成了各种不同的品种，其性状不同，抗病虫害的能力也不同。甘肃省秦安林业局采用良种选优方法选育出了喜肥水、耐瘠薄、抗干旱、耐寒冷、适宜在干旱或半干旱地区栽培的"秦安一号"新品种。陕西韩城在良种选育方面，以乡土品种为基础，将当地一些椒农自选的良种进行收集、观察、对比、归类，选出十多个优良单株，按照不同的生物学特征分别归纳为"早熟""中熟""晚熟"三个系列，有"早熟椒""无刺椒""狮子头"及"南强一号"等新类型。

我国普遍栽培的大红袍花椒不抗花椒流胶病，而豆椒抗流胶病的能力强。甘肃省农科院植保所利用抗病品种豆椒做砧木，用感病、高产、优质的大红袍花椒做接穗，进行幼苗嫁接和大树高接换头的抗病丰产试验、示范，在生产中获得了成功。嫁接成活率达97.3%，嫁接后新结的椒果色鲜、皮厚、味浓，为解决花椒因流胶病而引起大面积死亡问题开辟了一条新路。

二、合理栽植

1.园地选择。花椒建园规划和园地选择时，应对土壤的病虫害进行调查，病虫害严重时，要先防治再建园。栽植前，深耕、细整，防止园内积水，减轻根部病害和落叶病的发生。

2.品种配置。选用抗病虫品种和健壮无病虫、整齐一致的苗木，保持一定的株行距，有利于通风透光和机械化操作。

三、加强管理

加强土、肥、水管理，增强树势，提高抗性，消灭病虫来源。土壤封冻前深翻扩盘，可铲除杂草，疏松土壤，并能消灭尺蠖、花椒跳甲、大灰象甲、刺蛾、金龟子等害虫越冬基数，也可减少早期落叶病、褐斑病等病原，同时提高树体对腐烂病等多种病害的抵抗力。冬季修剪能改善树体结构，增加结果部位，同时可将在枝条上越冬的卵、幼虫、越冬茧等剪去，如剪去二斑黑绒天牛幼虫刚蛀入的小枝、蝉产卵后的枯梢、有台湾狭天牛或有介壳虫越冬的枯枝和衰弱枝，减轻翌年的危害；利用夏剪可改善树体通风透光条件，减少树干腐烂病、落叶病等的发生蔓延。秋末冬初彻底清除落叶和杂草，消灭在其上越冬的落叶病、炭疽病病源。生长季节及时摘除白粉病叶芽，检查、清理果园内受炭疽病、雅氏山蝉为害的枝条，刮除花椒窄吉丁为害的流胶斑，集中深埋或销毁。

第二节　物理机械防治

一、人工防治

1.人工扑杀。在7月上旬至8月中旬晴天下午或雨前闷热时，在树上捕捉花椒天牛成虫；在天牛幼虫钻入椒树木质部后排出新鲜木屑或在韧皮部期间被害处流出黄褐色液体，可用小刀挑刺或细钢丝钩杀；在花椒跳甲成虫秋后入土越冬至来年4月中旬成虫出土上树前，刮除树干上的翘皮、粗皮，树缝、树洞用胶泥封严，树下的落叶、杂草、刮下的树皮集中烧毁。

2.清除法。清除枯死木和濒死木，花椒窄小吉丁成虫羽化期长，从开始到结束长达3～4个月，即使花椒树被害致死后仍有成虫羽化，在5月上旬成虫羽化前对树皮干枯、叶片发黄、长势衰弱或部分大枝已经枯死的树进行清除，清除后的树体及时处理，最好烧毁。

3.锤击法。在花椒窄小吉丁幼虫蛀入木质部前，用钉锤或斧头、石块等锤击流胶部位，可直接杀死皮层幼虫，锤击时间一是幼虫越冬后活动为害流胶期，一般是4月中旬至5月上旬；二是初孵幼虫钻蛀流胶期，一般是6月上旬为好。

二、阻隔法

人为设置各种障碍，切断害虫侵害途径。树干涂药抹胶泥，阻止木质部成虫羽化和外来成虫产卵，可有效地防治天牛为害。

三、诱杀法

利用害虫的趋性，设置诱虫器械或其他诱物诱杀害虫。

1.灯光诱杀。蛾类半翅目、鞘翅目、直翅目、同翅目害虫，大多具有趋光性，设置诱光灯，可诱杀害虫。如椒园中设置黑光灯或杀虫灯，可诱杀金龟子、蝼蛄、蝉等多种花椒树害虫，将其危害控制在经济损失水平以下。

2.毒饵诱杀。利用害虫的趋化性，在害虫嗜好的食物中掺入适量的毒剂，制成各种毒饵诱杀害虫。可配制糖醋液（适量杀虫剂、糖6份、醋3份、酒1份、水10份），诱杀小地老虎等，蝼蛄还可用马粪、炒香的麦麸等加农药制成毒饵诱杀。

3.利用假死性扑杀。利用金龟子、花椒窄吉丁等的假死性，清晨或傍晚摇动树干，使其坠落，将其捕杀。

4.潜所诱杀。利用某些害虫越冬或白天隐蔽的习性，人工设置类似的环境诱杀害虫。如利用一些害虫在树皮裂缝中越冬的习性，在树干周围扎草把或破麻布片、废报纸等，诱集害虫越冬，翌年害虫出蛰前集中消灭。傍晚在苗圃的步道上堆集新鲜杂草，可诱杀地老虎幼虫，用新鲜马粪可引诱蝼蛄类等，用新鲜的杨树枝诱杀金龟子等。

四、冬季树干涂白

秋季或次年春季树干涂白。花椒修剪后，用生石灰2千克加水10千克溶化后再加溶化的水胶25克，充分搅拌均匀后，用高压喷雾器喷在树枝上，既可防灼烧及冻裂，还可以阻止天牛等蛀干害虫产卵。

第三节　生物控制

生物防治就是利用有益生物及其代谢产物控制病虫害，包括激素、天敌及其他有益生物的利用。生物防治椒树害虫也可引进或人工繁殖天敌。生物防治不对环境产生任何副作用，对人畜安全，在椒果中无残留，是无公害果品生产的重要组成部分。目前主要有以下几种途径：

1.保护和利用自然天敌。我国天敌种类十分丰富，在无公害果品生产中，应充分发挥天敌的自然控制作用，避免采取对天敌有伤害的病虫防治措施，尤其要限制广谱有机合成农药的使用。椒园里病虫的天敌种类非常丰富，捕食性的昆虫有瓢虫、螳螂、蜻蜓、草蛉、步甲、捕食性蝽类等，还有动物如蜘蛛、捕食性螨类及啄木鸟、大杜鹃、大山雀、伯劳、画眉等都能捕食叶蝉、蝽象、木虱、吉丁虫、天牛、金龟甲、蛾类幼虫、叶蜂、象鼻虫等害虫。寄生蜂和寄生蝇类可将卵产在害虫体内或体外，经过自繁，可消灭大量害虫。

2.利用各种微生物。如真菌、细菌、放线菌、病毒、立克氏体、原生动物和线虫等导致昆虫疾病流行，有经常抑制有害种群数量的作用。人工利用这些微生物或其代谢产物防治椒树病虫，是花椒无公害生产的重要方法之一。有些病原微生物如白僵菌、苏云金杆菌、刺蛾颗粒体病毒、核型多角体病毒等，可使害虫感病而降低其种群数量和危害程度。目前用苏云金杆菌及其制剂在受害树上喷洒Bt乳剂或青虫菌6号800倍液，防效良好。用农抗120防治腐烂病，具有复发率低、愈合快、用药少、成本低等优点。

第四节　化学控制

化学防治是利用各种有毒的化学物质预防或直接消灭病虫害。化学防治的特点是，作用快，效果好，使用方便，应用广泛，便于机械化，受地域或季节性限制小，尤其在病虫害大发生时，如正确选用农药，应用先进的施药机械，在很短时间内，就能迅速予以歼灭。减轻有毒农药对椒果的污染，是无公害栽培的主要任务和途径。了解农药污染的方式、途径与危害，有效控制污染，保证生产出符合国家标准的安全、优质、无公害花椒产品，是化学控制技术要解决的主要问题。

一、严格执行农药品种的使用准则

农药品种按毒性分为高、中、低毒三类，无公害果品生产中，禁用高毒、高残留及致病（致畸、致癌、致突变）农药；有节制地应用中毒低残留农药；优先采用低毒低残留或无污染农药。

1.禁用农药品种。有机磷类高毒品种有：对硫磷（1605、乙基1605、一扫光）、甲基对硫磷（甲基1605）、久效磷（纽瓦克、纽化磷）、甲胺磷（多灭磷、克螨隆）、氧化乐果、甲基异柳磷、甲拌磷（3911）、乙拌磷及较弱致突变作用的杀螟硫磷（杀螟松、杀螟磷、速灭虫）；氨基甲酸酯类高毒品种有：灭多威（灭索威、灭多虫、万灵等）、呋喃丹（克百威、虫螨威、卡巴呋喃）等；有机氯类高毒高残留品种有：六六六、滴滴涕、三氯杀螨醇（开乐散、其中含滴滴涕）；有机砷类高残留致病品种有：福美砷（阿苏妙）及无机砷制剂砷酸铅等；二甲基甲脒类慢性中毒致癌品种有：杀虫脒（杀螨脒、克死螨、二甲基单甲脒）；具连续中毒及慢性中毒的氟制剂有：氟乙酰胺、氟化钙等。

2.有节制使用的中等毒性农药品种。拟除虫菊酯类：功夫（三氟氯氰菊酯）、灭扫利（甲氰菊酯）、天王星（联苯菊酯）、来福灵（顺式氰戊菊酯）等；有机磷类：敌敌畏、二溴磷、乐斯本（毒死蜱）、扫螨净（速螨酮、哒螨灵、牵牛星、杀螨灵等）。

3.优先采用的农药制剂品种。植物源类别剂：除虫菊、硫酸烟碱、苦楝油乳剂、松脂合剂等；微生物源制剂（活体）：Bt制剂（青虫菌6号、苏云金杆菌、杀螟杆菌）、白僵菌制剂和对人类无毒害作用的昆虫致病类其他微生物制剂；农用抗生菌类：阿维菌素（齐螨素、爱福丁、7051杀虫素、虫螨克等）、浏阳霉素、华克霉素（尼柯霉素、日光霉素）、中生菌素（农抗751）、多氧霉素（宝丽安、多效霉素等）、农用链霉素、四环素、土霉素等；昆虫生长调节剂（苯甲酰基脲类杀虫剂）：灭幼脲、定虫隆（抑太保）、氟铃脲（杀铃脲、农梦特等）、扑虱灵（环烷脲、噻嗪酮等）、卡死克等；矿物源制剂与配制剂：硫酸铜、硫酸亚铁、硫酸锌、高锰酸钾、波尔多液、石硫合剂及硫制剂系列等；人工合成的低毒、低残留化学农药类：敌百虫、辛硫磷、螨死净、乙酰甲胺磷、双甲脒、粉锈宁（三唑酮、百理通）、代森锰锌类（大生M-45、新万生、喷克）、甲基托布津（甲基硫菌灵）、多菌灵、扑海因（异菌脲、抑菌烷、咪唑霉）、百菌清（敌克）、菌毒清、高脂膜、醋酸、中性洗衣粉等以及性信息引诱剂类。

二、科学使用农药

1.严格按产品说明使用农药。包括农药使用浓度、适用条件（水的pH、温度、光、配伍禁忌等）、适用的防治对象、残效期及安全使用间隔期等。

2.保证农药喷施质量。一般情况下，在清晨至上午10时前、下午4时后至傍晚用药，可在树体保留较长的作用时间，对人和作物较为安全，而在气温较高的中午用药则易产生药害和人员中毒现象，且农药挥发速度快，杀虫时间较短。还要做到树体各部位均匀着药，特别是叶片背面、果面等易受害虫为害的部位。

3.提倡交替使用农药。同一生长季节单纯或多次使用同种或同类农药时，病虫的抗药性明显提高，既降低了防治效果，又增加损失程度。必须及时更换新类别的农药，交替使用，以延长农药使用寿命，提高防治效果，减轻污染程度。

4.严格执行安全用药标准。无公害椒果采收前20天停止用药，个别易分解的农药如二溴磷、敌百虫等可适当在此期间应用，但要保证国家残留量标准的实施。对喷施农药后的器械、空药瓶、剩余药液及作业防护用品，要注意安全存放和处理，以防新的污染。

第五节　花椒常见病害防治

花椒的常见病害主要有：花椒锈病、花椒落叶病等。

一、花椒锈病

花椒锈病是花椒叶部重要病害之一，广泛分布于陕西、甘肃、四川、河北等地的花椒栽培区。在陕西凤县花椒栽培区内，发病株率一般在40%～60%，重病区留凤关在80%～100%，常造成采收前的大量落叶，影响椒树产量和品质。此病也危害幼苗生长，主要危害叶片，引起花椒叶片大量脱落，影响翌年椒树的结果量。

症状识别：主要为害花椒叶片。发病初期，在叶的正面出现2～3毫米水渍状褪绿斑，并在与病斑相对的叶背面出现黄橘褐色的疱状物——夏孢子堆，呈不规则的环状排列。继而病斑增多，严重时扩展到全叶，使叶片枯黄脱落。秋季在病叶背面出现橙红色或黑褐色凸起的冬孢子堆（见图6-1）。

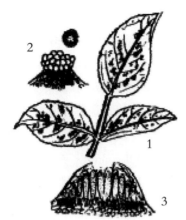

1.叶部被害状；2.夏孢子堆；3.冬孢子堆

图6-1 花椒锈病

发病规律：花椒锈病的发生时间与严重程度，因地区、气候不同而异，凡是降雨量多，特别是在秋季雨量多、降雨天数多的条件下，病害容易发生，一般秦岭以南每年6月上中旬开始发病，7～9月为发病盛期，秦岭以北每年7月下旬至8月上旬开始发病，9月下旬至10月上旬为发病高峰期。病菌夏孢子借风力传播，阴雨潮湿天气发病严重，少雨干旱天气发病较轻。另外，发病轻重与树势强弱关系密切，树势强壮，抵抗病菌侵染能力强，发病较轻，树势衰弱则发病较重。发病首先从通风透光不良的树冠下部叶片感染，以后逐渐向树冠上部扩散。

花椒锈病流行与降雨量密切相关。每年锈病能否发生取决于6～8月是否连续有2个月的降雨量都在57毫米以上。其中以7月降雨量影响最大，凡7月降雨量大于120毫米，且8、9月降雨量大于50毫米，则花椒锈病必然大流行。病害发生的温度范围在13～25℃之间，气温高于25℃时，病害很少发生或不发生。旬平均气温20℃发病侵染最盛，降雨量多且雨日长，湿度达80%以上时，有利于夏孢子侵染。病菌通过气流传播，只要气候适宜，病菌繁殖较快，侵染频繁。因此，病害具有爆发性发生的特点。

病害发生与椒园所处地的海拔高度无关，但山顶较山脊、谷地发病严重，阴坡较阳坡发病轻；零散椒树较成片椒园发病轻。病害的发生与花椒品种有关，大红袍发病最重，其次为豆椒，枸椒较抗病。

防治方法：①药剂预防。在尚未发病时，可喷洒波尔多液（生石灰∶硫酸铜∶水的比例为1∶1∶100或1∶2∶200）或0.1～0.2波美度石灰硫黄合剂，或6月初至7月下旬对椒树用0.5%敌锈钠或200～400倍液的萎锈灵进行喷雾保护。每隔2～3周喷雾1次。②药剂防治。对已发病树可喷15%粉锈宁可湿性粉剂1000倍液，控制夏孢子堆产生。发病盛期每2～3周喷雾1次1：2：200倍波尔多液，或0.1～0.2波美度石硫合剂，或15%可湿性粉锈宁粉剂1000～1500倍液，或10%世高水分散颗粒剂4000～5000倍液，可有效防治花椒锈病的危害。7月下旬和8月下旬喷药效果最佳。③加强水肥管理。铲除杂草，适当修剪，改善植株通风透光条件，增强树势，提高抗病力。晚秋要及时剪除枯枝，清除园内带病落叶及杂草，集中烧毁，减少越冬菌源。④栽培抗病品种。枸椒等品种抗病性强，可与大红袍混合栽植，以降低锈病的流行速度；利用嫁接等方法栽培抗病品种。

二、花椒落叶病

花椒落叶病广泛分布于陕西、甘肃的各花椒栽培区，是严重影响花椒产量的叶部病害之一。落叶病主要为害叶片、叶脉和叶柄，其次是嫩梢，致使椒叶提前衰老、枯死而大量脱落，严重影响花椒生长，连年发病，则加速花椒老化，甚至枯死。

症状识别：病害发生在叶片上，由树冠下部向上发展，但嫩梢、叶柄均能感病。在叶片上产生1毫米大小的黑色小病斑，常在叶背病斑上出现明显的疹状小突起或破裂，即病菌的分生孢子盘。后期叶面病斑上也生疹状小点，后出现大型不规则褐色病斑（见图6-2）。

图6-2　花椒落叶病

发病规律：病菌以菌丝体、分生孢子盘在落叶或枝梢的病组织内越冬，第二年雨季到来时便产生分生孢子而成为初侵染源。在陕西关中，7月下旬至8月初病害开始发生，一般是位于树冠基部的椒叶先出现病斑，然后再逐步向上发展。分生孢子主要借雨飞溅传播。8月下旬至9月初始到发病高峰，病叶已陆续脱落。发病严重的椒树冠中下部的叶子全部落光。10月病害开始减轻，病害的发生与降雨有关。雨季早、降雨多的年份，发病早而重。凡土壤瘠薄、管理粗放的椒园，其树势较衰弱，发病较重；树龄越大，发病越重。枸椒比较抗病。

防治方法：①加强苗木检疫。花椒幼枝可以带菌，在调运时应对苗木进行严格检疫，以防病害传播。②减少侵染源。及时烧毁病落叶，结合整形修剪，剪去带有病害的枝条并烧毁，以降低初侵染源。③加强栽培管理。增强水肥、除草等管理措施，以提高树势，增强其抗病性。④喷药保护。发病初期用50%扑海因可湿性粉剂1000~1500倍液，或68.75%杜邦易保水分散剂，或70%品润干悬浮剂1000倍液喷雾，连喷2~3次。在7月上旬喷药1次，摘椒后再喷1~2次，采用的药剂有50%扑海因可湿性粉剂、65%代森锰或代森锌可湿性粉剂300~500倍液、1∶1∶200倍的波尔多液、50%托布津可湿性粉剂800~1000倍液，防治效果较好。

第六节　花椒常见虫害防治

危害花椒的害虫种类很多，常见的有金龟子（如黑绒金龟子）、跳甲（如花椒橘潜跳甲）、蝶类（如花椒凤蝶）、蚜虫（如棉蚜）、蚧壳虫（又名花椒疥虫）、花椒窄吉丁。危害果实的则主要是铜色花椒跳甲、蓝橘潜跳甲。

一、黑绒金龟子

危害特点：黑绒金龟子在花椒主要产区均有发生和为害。以成虫取食花椒嫩芽、幼叶及花的蛀头。常群集暴食，造成严重危害。

形态识别：

成虫：体长7~9毫米，宽4.5~6.0毫米。初羽化为褐色，后转黑褐或黑紫色，体表具灰黑色绒毛，有光泽。鞘翅上具有数条隆起线，两侧有刺毛。

幼虫：乳白色，头部黄色，体被黄褐色细毛，尾部腹板约有28根刺。

蛹：体长约8毫米，黄褐色，复眼朱红色（见图6-3）。

图6-3　金龟子

发生规律：1年1代，以成虫在土壤中越冬，3月中下旬土壤解冻后，越冬成虫即逐渐上升，日落前后从土里爬出，飞到树上取食嫩芽和幼叶，晚9～10时又落地钻入土中潜伏，幼虫以腐殖质和幼根为食。老熟幼虫潜入地下20～30厘米深的土壤中作土室化蛹，成虫羽化后即潜伏在土壤中越冬，有较强的趋光性和假死性。

防治方法：应以栽培技术措施为主，协调其他防治方法，抓住整地、播种和春秋两季危害时期，开展综合防治。

1.栽培防治：①翻耙整地，可机械杀伤部分金龟子。②施用腐熟的有机肥，忌施未腐熟的有机肥。③适时灌水。土壤含水量过大，蛴螬数量就下降，可于11月前后冬灌，或在生长期浇灌大水，均可减轻危害。④清除杂草，可抑制金龟子的发生。

2.物理机械防治：①人工捕杀。利用金龟子的假死性振落捕杀。②诱杀。利用黑光灯诱杀金龟子、地老虎、蝼蛄、种蝇等成虫；酸菜汤加药喷洒苗木或放在碗内诱杀铜绿金龟子；把杨树枝浸药插于地内，诱杀黑绒金龟子；圃地种植蓖麻，金龟子嗜食，中毒麻痹击倒后及时收集消灭；干谷、麦麸或饼肥炒香，拌入或喷洒敌百虫，放于土内，可毒杀金龟子、蝼蛄、蟋蟀等。

3.生物防治：保护和利用天敌，金龟子的天敌很多，如各种益鸟、刺猬、青蛙、蟾蜍、步甲等，都能捕食其成虫、幼虫，应予保护和利用。用绿僵菌防治金龟子幼虫，也可取得较好效果。

4.化学防治：播种期土壤处理。整地时用75%辛硫磷0.25千克加细土30千克拌匀，随撒随翻入土内。拌种时每50千克种子用75%辛硫磷0.05千克，加水3～9千克喷洒种子，堆闷5～10小时，对蛴螬防治效果显著。也可将毒谷与种子一起播下出苗后，用辛硫磷毒土撒于床面或翻入地下，既可防蛴螬，又能杀死成虫；每667平方米用浓氨水50千克随水浇地，可杀蛴螬；用75%辛硫磷、90%敌百虫等兑水1000倍，打洞灌根，毒杀蛴螬。金龟子腐尸有忌避作用，将尸体粉碎装袋待发臭后，浸泡去渣，稀释喷于树上，有良好的保叶效果。

二、花椒橘潜跳甲

危害特点：花椒橘潜跳甲又叫花椒跳甲，是花椒产区常见的叶部害虫。在陕西、甘肃、山西、四川等地花椒栽培区均有发生，以幼虫潜入叶内，取食叶肉组织，使被害叶片出现块状透明斑。危害严重时，叶片即被食尽，椒叶全部焦枯，似火烧状，使当年椒果难以成熟。

形态识别：

成虫：体长3.5～5毫米，长椭圆形，略扁，头部黑色。前胸橘黄色，鞘翅橘红色，具数条纵刻沟，刻点整齐，每翅11行；后足腿节粗大。各足胫节端部均有1刺。当受惊时，弹跳逃避。飞翔能力较强。

幼虫：初龄期虫体乳白色，头部及足黑色，腿节和胫节略淡黄色，从胸背至尾部有一条淡黑色带，胸部有黑色点。老熟幼虫体长5～6毫米。

蛹：淡黄色，体有黑色刚毛，长5毫米（见图6-4）。

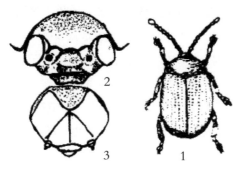

1.成虫；2.成虫头部；3.幼虫头部

图6-4 花椒橘潜跳甲

发生规律：在陕西渭北、甘肃陇南、河南林县、山西长治、河北涉县1年发生2～3代，以成虫在树冠下土壤中越冬，翌年4月上旬，花椒芽绽开时，开始出土取食，4月下旬至5月上旬为出土盛期。

成虫出土后即上树食叶为害，把叶片吃成缺刻，夜间在叶背栖息。成虫善跳，飞行迅速。5月下旬，早期出土的成虫开始产卵，6月中下旬为产卵盛期；产卵时雌虫先将卵不规则地产在叶背面，然后排出黑色胶质物，堆覆在卵上呈馒头状。雌虫每次产卵14粒左右，卵期4～7天开始孵化幼虫。初孵化幼虫呈乳白色，先取食卵壳，然后在嫩叶上咬一小孔，渐渐潜入叶片上下表皮之间，啃食叶肉，残留下表皮。初龄幼虫群集在一片叶为害，2～3天后分散蛀食，蛀入孔可见黑色丝状排泄物。幼虫期14～19天。6月下旬开始有老熟幼虫入土化蛹，蛹期一般为24～31天。第一代成虫出现于7月下旬，盛期在8月上中旬，取食椒叶补充营养，8～15天交尾产卵。9月中旬为第二代幼虫危害盛期，9月中下旬幼虫开始化蛹，10月上旬成虫开始羽化，进行越冬前的取食，从10月中下旬开始陆续进入土壤中越冬。世代交叉重叠现象明显。

防治方法：①药剂防治。在越冬代成虫出土后取食，未产卵前及卵孵化期可采用地表喷药。4月上中旬，在越冬成虫出土期间，使用2%辛硫磷粉剂，每667平方米250克喷洒地面，或使用20%杀灭菊酯乳油1500～2000倍液，地面喷雾1～2次。可杀死大量越冬害虫。花椒展叶期或5月下旬，渭北最迟不超过6月中旬，80%敌敌畏800倍液，40%水胺硫磷、50%辛硫磷1000～1500倍液喷树冠2～3次，防效均在85%以上。土中施药：5月上中旬，卵孵化期，每667平方米用2%辛硫磷粉剂3～4千克，拌沙或非碱性化肥混合均匀后，于根际处开沟施入土中。用药后及时灌水，以促进药剂溶解和根系吸收，加速药效的发挥。②人工捕捉成虫。8月下旬，成虫多在嫩梢处危害，很不活跃，利用人工振落捕捉，效果良好。③越冬代成虫的防治。防治越冬代成虫是减少跳甲危害的关键。采取综合防治措施，加强栽培管理，控制虫口基数，在冬前清除杂草枯叶、换土施肥、灌水等，可破坏越冬场所，使部分成虫暴露于土面，冷冻致死，尤其是冬前结合换土施肥进行一次灌水，成虫死亡率达40%～60%。封冻前刨树盘，亦可消灭部分入土越冬害虫。④保护并设法招引进入椒园取食害虫的鸟类和天敌昆虫。

三、花椒凤蝶

危害特点：花椒凤蝶又名柑橘凤蝶、黄波罗凤蝶。国内各花椒产区均有分布。以幼虫蚕食叶片和芽，严重时会吃光幼树上的全部叶片，引起树势衰弱和严重减产。

形态识别：

成虫：体长25～30毫米，翅展70～100毫米，体绿黄色，体背有黑色背中线；翅黄绿色或黄色，沿脉纹两侧黑色，外缘有黑色宽带，带的中间前翅有8个、后翅有6个黄绿色新月斑，前翅中室端部有2个黑斑，基部有几条黑色纵线，后翅黑带中有散生的蓝色鳞粉，臀角有橙色圆斑，斑中有1个小黑点。

卵：圆球形，直径约1毫米。初产的卵淡黄白色，快孵化时变成黑灰色，微有光泽，不透明。

幼虫：初龄黑褐色，头尾黄白，似鸟粪，老熟幼虫长约48毫米，体绿色或黄绿色，后胸背面两侧有蛇眼状纹左右连接成马蹄形，中央有黑紫色斑点，体侧面有3条蓝黑色斜带。

蛹：长约30毫米。淡绿色到暗褐色，纺锤形，头顶有两个角状突起，胸部背面有一尖突（见图6-5）。

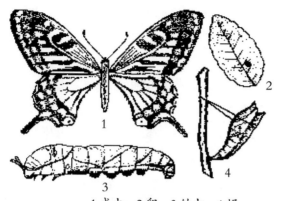

1.成虫；2.卵；3.幼虫；4.蛹

图6-5 花椒凤蝶

发生规律：1年发生2～3代，以蛹越冬。有世代重叠现象，各虫态发生很不整齐，4～10月均有成虫、卵、幼虫和蛹出现。3月底成虫出现，第一代幼虫到5月底即老熟化蛹，夏季繁殖更快，6～7月发生为春型，7～11月发生为夏型，成虫白天活动，卵散产于叶背。初孵化幼虫危害嫩叶，将叶面咬成小孔，成长后将叶片食成锯齿状，以5龄幼虫食量最大，叶片常被吃光，老叶片仅留主脉，初龄幼虫昼伏夜出，遇惊动，即由前胸前缘伸出橙黄色肉质臭角，放出强烈的臭气，老熟幼虫选隐蔽处，吐丝固定其尾部，然后吐丝在胸、腹间环绕成带。至秋末冬初幼虫在枝叶上化蛹越冬。

防治方法：①人工捕杀。冬季清除树枝干上的越冬蛹；生长季节在发生轻微的树上人工捕杀幼虫和蛹。②生物防治。在幼虫严重发生时，及时喷青虫菌或苏云金杆菌1000～2000倍液杀死幼虫。③农药防治。幼虫大量发生时，可喷50%敌百虫1000倍液或50%敌敌畏乳剂1000倍液毒杀，或喷施20%灭扫利乳油2000～8000倍、4.5%高效氯氰菊酯乳油1500倍液防治。

四、花椒蚜虫

危害特点：花椒蚜虫又名棉蚜，俗称蜜虫、腻虫、油虫。在我国花椒产区均有发生。花椒蚜虫以刺吸式口器吸食叶片、花、幼果及幼嫩枝梢的汁液，使被害叶片向背面卷缩，畸形生长，并加重落花落果。同时，蚜虫排泄蜜露，使叶片表面油光发亮，影响叶片的正常代谢和光合功能，并诱发烟霉病等病害的发生。

形态识别：

成虫：有翅胎生雌蚜体长1.2～1.9毫米，虫体黄色、淡绿色或深绿色，触角比身体短，翅透明；无翅胎生雌蚜体长1.5～1.9毫米，身体有黄、黄绿、深绿、暗绿等色，触角约为体长的1/2或稍长，前胸背板的两侧各有一个锥形小乳突。腹管黑色或青色。

卵：椭圆形，初产时为橙黄色，后转深褐色，最后为黑色，有光泽。

若虫：有翅若蚜夏季黄褐色或黄绿色，秋季灰黄色，2龄出现翅芽，翅芽黑褐色。无翅若蚜夏季体色淡黄，秋季体色蓝灰或蓝绿色，复眼红色，触角节数因虫龄不同而异，末龄6节（见图6-6）。

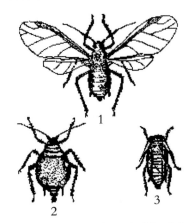

1.有翅胎生雌蚜（背面）；2.无翅胎生雌蚜（背面）；3.若蚜

图6-6　花椒蚜虫

发生规律：花椒蚜虫的生活史较复杂，1年发生20～30代，以卵在花椒等寄主上越冬。第二年3～4月椒芽萌发后，越冬卵开始孵化，孵化后的若蚜叫干母，干母一般在花椒上繁殖2～3代后产生有翅胎生蚜，有翅蚜4、5月间飞往棉田或其他寄主上产生后代并为害，滞留在花椒上的蚜虫至6月上旬后即全部迁飞。8月又有部分有翅蚜从棉田或其他寄主上迁飞至花椒上第二次取食为害，这一时期恰是花椒新梢的再度生长期。一般10月中下旬迁移蚜便产生性母，性母产生雌蚜，雌蚜与迁飞来的雄蚜交配后在枝条皮缝、腋芽、小枝杈处或皮刺基部产卵越冬。

防治方法：①药剂涂干。用5%吡虫啉乳剂加水10倍，涂在主干上部，第一主枝以下，涂10～20厘米的药带。若树皮粗糙，可先刮去老皮和皮刺，涂药后内衬一张旧报纸，外用塑料薄膜包扎，涂干时期一般在4月下旬至5月上旬。②树上喷药。越冬孵化期及5～6月间，可喷洒10%吡虫啉可湿性粉剂2500～5000倍液、20%灭扫利乳油3000～4000倍液、75%辛硫磷1000～1500倍液、2.5%功夫乳油3000~4000倍液、50%辟蚜雾水分散剂1000倍液、50%灭蚜净乳剂4000倍液。甘肃省庆阳市韩颜君摸索出一种花椒防蚜保果新技术。其具体技术措施：在花椒树开花初期（5月上中旬）选择晴天的早晨或下午，用40%乐果乳剂每千克加水800千克，再加入70%萘乙酸钠11.4克（适量热水溶化），配成混合液（10毫克/千克），进行第一次喷施，喷施量以不下滴为度。第二次在果实膨大期用40%乐果乳剂每千克加水800千克，再加入1千克磷酸二氢钾配成混合液进行喷施（时间在6月上中旬），均能起到防蚜保果增产的作用。有的地方，椒农用1份洗衣粉、4份尿素，加400~500份水，混合喷雾，也有效果。

五、花椒蚧虫

危害特点：花椒蚧虫又称介壳虫。为害花椒的蚧壳虫种类很多，据初步查知，约有10多种，其中主要有吹棉蚧、桑白蚧、草履蚧、杨白片盾蚧、梨园盾蚧、糖槭蚧等。主要以成虫和若虫吸食植物芽、叶、嫩枝的汁液，造成叶落枝枯、树势衰弱，以致全株枯死。

形态识别：体微小，雌雄异形。雌成虫无翅，固定在植物上不动，体覆蜡质分泌物或介壳。雄虫前翅1对，后翅转化为平衡棍（见图6-7、图6-8）。现将吹绵蚧和桑白蚧的形态比较如下（见表6-1）。

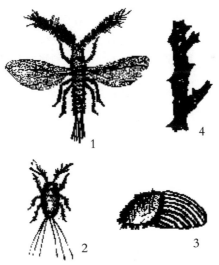

1.雄成虫；2.若虫；3.雌成虫；4.被害状

图6-7　吹棉蚧

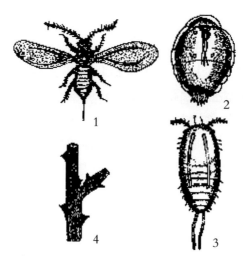

1.雄成虫；2.雌成虫（腹面）；3.若虫；4.被害状

图6-8 桑白蚧

表6-1 吹绵蚧与桑白蚧的形态比较

	吹绵蚧	桑白蚧
成虫	雌虫橘红色，无翅，椭圆形，长5～7毫米，腹面扁平，背面隆起，着生黑色短毛，体外被白色蜡质粉及絮状分泌物；雄虫体小细长，橘红色，长约3毫米，翅展6～8毫米	雌成虫橙黄色，体长1.3毫米左右，介壳灰白色，圆形或椭圆形，背面隆起并有明显的螺旋纹状；雄成虫橙红色，体长0.65～0.70毫米，前翅五色透明，后翅退化为平衡棒，触角10节，各节具长毛
卵	长椭圆形，长0.65毫米、宽0.29毫米，初产为橙黄色，后变为橘红色	椭圆形，初产粉红色，渐变淡黄褐色，孵化前为橙红色
若虫	初孵若虫橘红色，足、触角及体上的毛均发达，被覆淡黄色蜡粉及白纤维；2龄后雌雄异型；雌若虫深橘红色，背面隆起，散生黑色小毛，全身被有黄白蜡粉及絮状纤维；雄若虫体狭长，体上蜡粉及絮状纤维很少	长椭圆形，体长约0.3毫米，有触角1对，足3对，能爬行，腹部末端有尾毛2根

发生规律：吹绵蚧1年2～3代，冬季多为若虫期，但也有以成虫和卵越冬的。第一代卵和若虫盛期为5～6月，第二代为8～9月。1～2龄若虫多寄生在叶背主脉附近，2龄后迁移分散于枝干阴面群集为害。雌虫固定取食后不再移动；雄若虫行动敏捷，经两次蜕皮后口器退化，不再为害。在树皮裂缝中和树干附近草丛中化蛹。

桑白蚧1年2代，以受精雌成虫在树体上越冬。翌年4月下旬至5月上旬产卵，第一代若虫5月上旬开始出现，5月中旬至5月下旬为盛期，一般在10天内全部孵化。孵化若虫离开母体后，在枝条上固定下来，开始分泌蜡质壳。第二代成虫9月发生，雌雄交尾后，雄虫死亡，雌虫越冬。

防治方法：介壳虫类，属顽固性难防害虫。防治上应以防为主，具体防治措施有如下几种。①对建园苗木进行严格检疫，防止蚧虫传播和扩散。②结合冬剪，剪除虫枝，集中烧毁。③早春树液开始流动前，用3～5波美度石硫合剂或5%～6%蒽油乳剂喷杀越冬蚧；应用机油乳剂（蚧螨灵）或柴油乳剂（消抗乳剂）30倍液喷杀出蛰后尚未泌蜡的越冬若虫。④树干树枝喷药，用40%亚胺硫磷乳油、80%磷胺乳油、80%敌敌畏1000倍液或洗衣粉400～500倍液，喷杀初孵若虫；或可用50%杀虫净油剂超低容量喷杀初龄若虫；或根施涕灭威颗粒剂，干径粗1厘米用药1克左右；或根际开沟浇灌50%乐果乳油，1厘米干径用药2～3毫升左右，加水500～1000倍液，药水渗入后及时封467埋。对杨白片盾蚧可用20号石油乳剂20～30倍液，效果亦很理想。⑤注意保护利用天敌，抑制蚧虫发生，如黑缘红瓢虫、大红瓢虫、盔唇瓢虫属类、桑蚧寡节小蜂、梨园蚧寡节小蜂等。

六、花椒窄吉丁

危害特点：花椒窄吉丁是为害花椒的毁灭性害虫。分布于陕西凤县、韩城、富平、白水、合阳和甘肃等花椒产区。主要以幼虫取食韧皮部，被害树干大量流胶，严重时，幼虫可将树干下部30厘米左右树皮和形成层全部蛀食成隧道，使树皮干枯、龟裂，甚至最后全树死亡。该虫在陕西凤县危害十分严重，3年生的椒树即开始受害，一般受害率可达3%～5%，树龄越大受害越重，15年生椒树有虫株率达80%以上，每株有虫4～17头，20年生以上的椒树，虫害率达100%，虫口密度达20～130头。管理不善的椒园，10年生即造成花椒树大量死亡。

形态识别：

成虫：体长7～10毫米，宽2～3毫米，体色黑，具紫铜色光泽，雄虫较雌虫略小，头横宽，密布纵刻纹或刻点。触角锯齿状，11节，有刚毛，额部具山字形沟，鞘翅灰黄，前半部具"S"形黑斑，后半部具飞蝶形与方形黑斑各一个，鞘翅的肩角后收缩，向后又略扩展，端部略尖，边缘具小齿。雄虫略小，鞘翅与腹末等长，腹末背板略突出，雌虫稍大，鞘翅短于末1～2节，腹末背板末端突出明显。

卵：扁椭圆形，0.5～0.8毫米。初产为乳白色，后变为蛋黄色、红褐色。

　　幼虫：乳白色，扁平。老熟幼虫体长18～22毫米。头小，黑色，大部缩入前胸。

　　蛹：体长8～10毫米，乳白色。羽化前变古铜色（见图6-9）。

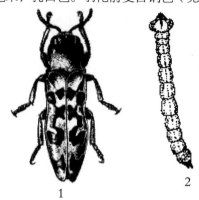

1.成虫；2.幼虫

图6-9　花椒窄吉丁

　　发生规律：花椒窄吉丁1年发生1代，以幼虫在木质部或树皮下越冬，第二年4月上旬开始化蛹，4月上旬开始活动，中下旬达盛期，4月下旬至6月下旬为化蛹盛期，5月下旬至7月上旬为成虫羽化出洞及产卵盛期，6月下旬至8月上旬进入幼虫孵化盛期。幼虫期达10个月以上。

　　成虫有明显的假死、喜热、向光性，飞翔迅速，多于中午前后出洞，吃嫩叶补充营养，交尾后产卵成块状，多分布于主干30厘米以下的粗糙表皮、皮裂、皮刺根基、小枝杈基部等处。幼虫一经孵化，即刻就地蛀入树皮为害，初龄幼虫先在韧皮部钻蛀取食，蛀道如线形，呈褐色，幼虫蛀入树皮后2～3天，树皮出现小胶点，20天后形成胶疤，越冬前流胶停止，当年幼虫为害流胶较多，次年流胶较少。该虫在空间分布上，以树的下部最多，中部次之，上部更少，干径4厘米左右的枝干受害最重；在水平分布上，该虫呈团块状为害。

　　防治方法：①营林及生态措施。清除枯死、濒死木，烧毁；加强树体管理，提高抗虫性；营造椒果混交林；实行椒农间作。建设生态林业，是综合治理花椒病虫害，实现有虫不成灾、无公害栽培的根本途径。②人工机械防治。在4月中旬至5月上旬和6月上旬，幼虫活动期用钉锤或小斧头等锤击流胶部位，即可直接杀伤皮干幼虫；在5月中旬成虫羽化前，用塑料纸、牛皮纸等将树干下部（50厘米以下）进行包裹绑扎，可阻止外来成虫产卵；用黏土、细麦草或毛发和成泥浆，涂抹于树干，阻止外来成虫产卵；将干枯腐烂胶疤连同幼虫一起刮掉，不再涂药，可保护寄生蜂、草蛉等天敌。③药剂防治。5月中旬前用20～50倍乐斯本和辛硫磷等药剂，加3%～5%柴油，自树干基部涂至树干100厘米处，然后再涂抹一层2～3毫米的黏土泥浆，带细麦草者更好；树冠喷药，在成虫羽化盛期即5月中旬，用乐斯本等进行树冠喷雾，使成虫取食中毒而死，一般隔一周喷1次，连喷2～3次；6月幼虫孵化盛期，用50～100倍液的乐斯本等进行树干喷药，可杀灭初孵幼虫，每7～10天防治1次，连防2～3次；6月上中旬用30～50倍液，对树干流胶处进行涂抹，效果明显；用锋利刀具将流胶部位连同烂皮一同刮掉，刮至好皮边缘，然后涂抹一层保护性药剂，防止病虫感染；小面积新生胶疤，先清除被害部位胶体，用刀具将被害部位切成十字形，把切口稍作撬开，以便药液渗入，然后涂抹30～50倍液有机磷农药。

第七节 花椒冻害预防

花椒树耐寒性较差，幼树在年绝对最低气温−18℃以下的地区，大树在绝对最低气温−25℃以下的地区，往往遭受冻害。在我国北方花椒产区，冬春季的异常气候，也常使花椒受冻，造成严重危害，损失很大。因而，花椒冻害的预防，是花椒栽培中一项十分重要的工作。花椒冻害可分为冬季冻害和春季冻害。

冬季冻害，主要是绝对最低温度过低，且严寒持续时间长造成的；春季冻害，主要是霜冻和"倒春寒"造成的。

一、冻害的类型

1.树干冻害。是冻害中最严重的一种。主要受害部位是距地表50厘米以下的主干或主枝。受害后，树皮纵裂翘起外卷，轻者还能愈合，重者则会整株死亡。

2.枝条冻害。在我国北方，花椒枝条冻害比较普遍，只是受害程度有所不同。枝条冻害除伴随树干冻害发生外，多发生在秋雨很少、冬季少雪、气候干寒的年份。严重时，1～2年生枝条大量枯死，造成多年歉收。幼树生长停止晚，枝条常不能很好成熟，尤其是先端成熟不良的部分更易受冻。

3.花芽冻害。花芽较叶芽抗寒力低，故其冻害发生的地理范围较广，受冻的年份也频繁；由于花芽的数量较多，轻微的冻害对产量影响不大；比较严重时，每果穗结果粒数显著减少。

花芽冻害主要是花器官冻害，多发生在春季回暖早而后又复寒的年份。一般3月中下旬气温迅速回升，花芽萌发，从4月中旬至5月上旬，由于强冷空气侵袭，气温急剧下降，造成花器受冻。

二、冻害的症状

受害枝干产生不规则裂纹、伤口，后变为黑褐色，并易感染其他腐生菌。被害树皮常易剥落。

三、影响花椒冻害发生的因素

影响花椒冻害发生的因素是很复杂的。有树体本身的因素，如品种、树龄、生长势、枝条的成熟度与抗寒锻炼，都与冻害有密切关系。还有环境因素，如地理位置、土壤地势、栽培管理及当年的气候条件等。异常的低温是造成冻害的直接因素。若初冬气温较高，以后骤降，或低温来临早，持续时间长，绝对气温低，温度变化大，风力强，干旱，都会不同程度地加重冻害的发生。海拔愈高，冻害也愈烈。同一时期阴坡的冻害比半阳坡严重。山区阳坡土层浅，昼夜温差大的地方易发生冻害。一般凡冬季受西北风影响大的坡面和背阴的地角，埝根比其他方向受害重。枝条冻害幼树较盛果期树重。树干冻害则树龄越大，树干越粗，冻害越重。

四、防冻措施

1.加强栽培管理。椒园的建立，必须因地制宜，适地细栽，从土壤、地势、气候条件等方面进行选择。要选择坡势缓、坡面大、背风向阳的开阔地。注意对山地小气候的利用，避免在背阴和迎风的坡面栽植。在椒园的迎风面和山地椒园的上坡位置营造防护林，可以改善椒园的小气候，减轻冻害的发生，注意选择适宜的品种建园。冬季建园时，高山、阴坡、洼地受西北风影响大的地块宜栽抗冻品种，如枸椒、小红袍，可降低冻害的发生与危害。大红袍抗寒性差，宜栽在阳坡、山坡中部受风害影响较小的地块，营养物质的积累是树体提高抗寒能力的基础。要加强栽培管理，增施肥料，适时灌水，合理修剪，及时防治病虫害，促进树体健壮，提高树体内营养物质的积累，增强抗寒能力。

2.加强树体保护。树体保护的方法很多，如主干涂白、树干包草、设风障等，都有一定的效果，在生产上普遍采用的方法有：

（1）涂白法。用生石灰15份、食盐2份、豆粉3份、硫黄粉1份、水36份，充分搅拌均匀，即可配成涂白液。然后将配好的涂白液涂抹在树干和树枝上，涂抹不上的小枝可以把涂白液喷洒在上面。此方法不但可以防冻，还具有杀虫灭菌、防止野兽啃食树皮的作用。

（2）遮盖法。用蒿草、苇席、塑料薄膜、水泥袋等覆盖在树冠顶上，既可阻挡外来寒风的袭击，又可保持地温。房前屋后的椒树防霜、防冻采用这种方法最适宜。

（3）浇灌法。在秋末冬初利用灌溉提高地温，也可以收到良好的防冻效果。

（4）包裹法。把玉米、高粱、谷子等高秆作物的秸秆绕树围上一周，然后用草绳、塑料绳或铁丝等捆起来，也可起到防冻作用，幼树最适宜用此法防冻。

（5）架土块。将大土块堆在树基及架在主枝分叉处，若树的上部再用遮盖法防冻，效果更佳。

第七章　无公害花椒的采收与加工

第一节　果实质量

一、感官指标

感官指标包括：色泽、气味、滋味、果型特征、霉粒和过油椒、外来杂质、干湿度。其检验结果应符合表7-1要求。

表7-1　花椒的感官指标

项　目	指　标			
	特级	一级	二级	三级
色　泽	深红或紫红色、均匀	浅红或紫红色、均匀	浅暗红或暗紫红色、较均匀	暗红暗紫红色、均匀
气　味	香气浓郁、纯正	香气浓郁、纯正	香气较浓、纯正	具花椒香气、尚纯正
滋　味	麻味浓烈持久、纯正		麻味较浓烈持久、无异味	麻味尚较浓、无异味
果形特征	睁眼、粒大、均匀、油腺密而突出	睁眼、粒大、较均匀、油腺突出	大部分睁眼、果粒较大、油腺突出	果粒较完整、油腺较稀而不突出
霉粒和过油椒	不得检出			偶有极个别霉粒、不得检出过油椒
外来杂质	不得检出		可检出、不得显见	
干湿度	干			

注：摘自《陕西省地方标准 花椒》（DB 61/T-×××-2002）

二、理化指标

理化指标包括：总杂质含量、水分含量、挥发油含量、不挥发性乙醚抽提物、醇溶抽提物、灰分。其检验结果应符合表7-2要求。

表7-2　花椒的理化指标

项　目	指　标			
	特级	一级	二级	三级
总杂质含量，%≤	4.5	7.0	11.0	18.8
水分含量，%≤	9.6		11.0	
挥发油含量，毫升/100克≥	4.2	3.8	3.4	2.5
不挥发性乙醚抽提物，%≥	7.8			
醇溶抽提物，%≥	18.1			
灰分，%≤	5.5			

注：摘自《陕西省地方标准 花椒》（DB 61/T-×××-2002）

三、卫生指标

　　花椒的卫生指标应包括重金属元素铅、镉、汞和类金属元素砷的卫生限量标准，以及多菌灵、乐斯本、辛硫磷、氯氟氰菊酯、溴氰菊酯、氯氰菊酯等6种农药的残留限量标准，除此以外，还应包括六六六、DDT、敌敌畏、乐果、马拉硫磷、对硫磷、甲拌磷、杀螟硫磷和倍硫磷最大残留量标准。这些标准应符合GB 2762、GB 2763、GB 4788、GB 5127等有关食品卫生国家标准的要求（有机磷农药残留量要求按原粮之要求，有机氯农药残留量和汞允许量按成品粮之要求）。另外，对于国家明令禁止在果树上使用的农药，在花椒果实中就不得检出，见表7-3。

表7-3　花椒的卫生指标

项　目	指标（毫克/千克）	项　目	指标（毫克/千克）
镉	≤0.03	DDT	≤0.1
汞	≤0.01	六六六	≤0.2
铅	≤0.2	敌敌畏	≤0.2
砷	≤0.5	辛硫磷	≤0.05
多菌灵	≤0.5	杀螟硫磷	≤0.5
乐斯本	≤1.0	氧化乐果	不得检出
乐果	≤1.0	马拉硫磷	不得检出
溴氰菊酯	≤0.1	对硫磷	不得检出
氯氟氰菊酯	≤0.2	甲拌磷	不得检出
氯氰菊酯	≤2.0	倍硫磷	不得检出

第二节　花椒的采收与加工

一、花椒的采收

1.采收时期。花椒果实在发育中，内在的生理状态和外部的形态表现，都会发生一系列变化。花椒果实生理成熟与形态成熟是一致的，在生产上都是以外部形态标志作为确定适宜采收期的依据。花椒成熟的外观标志：果皮缝合线突起，少量果皮开裂，表现出品种特有的色泽，种子呈黑色光亮，种仁子叶变硬，幼胚成熟，脂肪大量积累。花椒的采收时期，因品种、气候、地区不同而异，一般在处暑到白露之间成熟，早熟种8月下旬成熟，晚熟种9月上中旬成熟，一般地势低的地方比海拔高的地方成熟早，阳坡比阴坡成熟早，干旱年份比多雨年份成熟早。采收时期是否适宜对花椒产量和品质都有明显影响，适时采收，色泽鲜艳，具有品种特有色泽，出皮率高，香味和麻辣味浓郁，芳香油含量高。采收过晚，果皮开裂，难以采摘，也会对次年的生长结果造成不良的影响。据对大红袍花椒的试验，不同采收时期花椒的出皮率是不同的，8月下旬至9月初采收的花椒出皮率高于8月中旬。

2.采收方法。用手从果穗基部掐取果穗，每个工日一般可摘鲜椒12~15千克，所以在栽培面积大、数量多的主产区，要合理安排不同成熟期的品种，以便调剂劳动力。有的地方用剪刀剪，这样往往损害顶部椒枝，对第二年产量有较大的影响，研制花椒采摘机是当务之急。

3.晾晒。采收后要及时晾晒，最好当天晒干，当天晒不干时要摊放在避雨处。晾晒时，把枝、叶等杂物捡净，再摊放于阴凉通风处的石板或席上，或在苇席上晒，勿在阳光下暴晒。苇席最好用木杆等物架空，以便通气，避免直接在地面或水泥地板上晾晒。晾晒对花椒品质特别是色泽影响很大，采收时要选择晴朗天气，避免雨天或阴天有露水时采收。否则，颜色暗淡，品质低劣，甚至发霉。

晒干的花椒，果皮从缝合处开裂，只有小果梗处相连，这时可用细木棍轻轻敲打，使种子与果皮脱离，再用簸箕或筛子将椒皮与种子分开。据各地经验，一般上午摘收，中午或下午及时晾晒，干制后的花椒品质、色泽均好。若雨后或阴天不能及时晾干，则色泽、品质都会下降。晾晒中果实应3~4小时翻动一次，但经阳光暴晒而脱出的种子发芽率和出油率均有降低，晒干后将果皮和种子分开，除去杂质便可得到干净的果皮，即花椒。干制后的果皮或花椒种子，若不及时出售，可装入缸中或袋中密封保存，这样长期不坏，鲜味不变。

4.人工干制。近年来，随着农村产业结构的不断调整，不少地区花椒已具相当规模，花椒成熟后，仅依靠晾晒已不能满足花椒干制的要求，必须通过人工干制方法予以解决，为此我们对其技术参数进行了研究。通过研究，无论是土烘房还是小型的人工烘炉，均要求具有恒定的技术参数，其技术参数为：铺设厚度3～5厘米，温度39～42℃，时间8～10小时。烘干时，花椒要用木框钢纱网底盛装，适当开启通风口烘干。烘干后去杂，得到成品。经测定，人工干制的花椒可达到优质花椒标准，色泽鲜红一致，无杂色，麻香味浓郁，无闭眼椒，无籽、无霉变，花椒梗处理干净无杂质。

二、花椒的加工与利用

1.花椒油制取方法：

（1）油淋法。将鲜椒采回后，放入细铅丝编织或铝质漏勺中，用180℃的油（油椒比为1∶0.5，即0.5千克油，0.25千克花椒，可制成花椒油0.45千克）浇到漏勺的花椒上，待椒色由红变白为止。将淋过的花椒油冷却后，装瓶、密封，在低温处保存，以保证质量。

（2）油浸法。将油椒（新鲜的）比为1∶0.5的菜油放入铁锅里，用大火煎沸到油泡散后，当油温达102～140℃时，把花椒倒入油锅中，立即盖上，使香麻味溶于油脂中。冷却后去渣，装瓶。此法加工的花椒油，其香麻味更好。用鲜花椒加工，下面有一层水分，装瓶时要注意，避免影响质量。

2.花椒籽榨油：椒籽含油率多在20%～30%，花椒籽榨油具体方法：首先进行筛选去杂，用铁锅炒熟，以口尝清香，不糊为宜。将炒好的椒籽碾成或磨成粉末状，按椒籽与水2∶25的比例，把椒籽粉倒入开水锅里，用铁铲或木棒迅速搅拌均匀，并以文火加热，油即浮在表面，用勺撇出后，再用瓢在油渣上轻轻墩压，内部的油又渐浮出，直至不出为止。

3.直接利用：花椒果皮辛香，是很好的调料，干果皮可作为调味品直接使用，或制成花椒粉，或与其他佐料配成五香粉。

第五部分

核桃无公害管理配套技术

第一章 概 述

第一节 核桃的经济价值

核桃是我国重要的栽培经济树种，具有较高的经济价值，除了核仁的食用价值外，其树干、根、枝、叶、青皮也都有一定的利用价值。

一、食用价值

核桃仁是一种营养价值极高的食品，味道鲜美，风味独特，名列四大干果之首，历来受到世界各国人民的喜爱。据分析，核桃仁含油量平均为65.08%～68.88%，最高达76.3%，比大豆、油菜籽、花生和芝麻含油率均高。蛋白质含量一般为15%左右，最高可达29.7%，高于鸡蛋（14.8%）、鸭蛋（13%）的蛋白质含量，为豆腐的2.1倍，鲜牛奶的5倍，牛肉的4.5倍。此外，核桃仁还含有丰富的维生素及钙、铁、磷、锌等多种微量元素。核桃油中的脂肪酸主要是油酸和亚油酸，约占总量的90%，因此，容易被消化，吸收率高。核桃仁中的蛋白质也因其真实消化率和净蛋白比值较高而被誉为优质蛋白。

核桃仁除直接食用外，常用作各种糕点、家常食品、风味小吃、烹调菜点、糕点及饮料的重要配料，为我国传统的食品加工原料。核桃油是高级食用油，并可广泛应用于工业。

二、医疗保健价值

核桃作为保健食品早已被国内外所认识。古代中国人民就誉称核桃为"万岁子""长寿果"，核桃在中国作为中草药使用已有上千年历史，我国医药文献中早有关于核桃医疗作用的评价。唐代名医孟诜称核桃仁可"通经脉、润血脉、常服骨肉细腻光润"。明代医药学家李时珍称核桃仁有"补气养血、润燥化痰、益命门、利三焦、温肺润肠"等功用。在古代和中世纪的欧洲，核桃被用来治疗秃发、牙疼、狂犬病、皮癣等症。

长期以来，我国劳动人民在大量的实践中总结和形成了不少核桃药膳和治疗多种疾病的以核桃为药（或重要配伍药）的药剂及验方。据不完全统计，它涉及神经、消化、呼吸、泌尿、生殖等系统以及五官、皮肤等科的13大类上百种疾病，充分显示了核桃作为中草药广阔的开发前景。

三、核桃树的生态价值

核桃树树体高大，树干挺立，树冠枝叶繁茂，多呈半圆形，具有较强的拦截烟尘、吸收二氧化碳和净化空气的能力，在立地条件好的地方用作行道树或观赏树种。核桃树根系发达，分布深而广，可以固结大片土壤，缓和地表径流，防止侵蚀冲刷，因此，可以绿化荒山、保持水土。

第二节　我国核桃生产概况

我国核桃分布广泛，种质资源丰富。从生态条件和现实生产来看，我国核桃的自然分布和栽培主要有六个分布区，即东部沿海、近海分布区；西北黄土区分布区；新疆分布区；华中华南分布区；西南分布区；西藏分布区。前四个分布区的行政省、区、市主要有辽宁、河北、天津、北京、山东、山西、陕西、青海、甘肃、宁夏、新疆和河南、湖北、湖南、广西，栽培种是核桃。后两个分布区的行政省、区是四川、贵州、云南、西藏，四川、贵州、西藏是兼有核桃和铁核桃（含栽培型的泡核桃），云南省多为铁核桃。

我国核桃的栽培面积和株数也居世界首位。据统计，2021年我国核桃（包括山核桃）栽培面积已达850万公顷，产量在440万吨以上。主产省区有云南、山西、陕西、四川、甘肃、河北、河南、贵州、新疆、北京、山东等，这些产区栽培面积大，产量高，是我国核桃生产发展的主要基地。

虽然我国核桃生产近年来发展较快，但从总体情况看，我国核桃生产与世界发达国家相比，还存在较大差距。主要表现：一是我国核桃多栽植在山区和丘陵地区，条件差，多数无灌溉条件，经营管理粗放，技术力量薄弱，核桃产量低而不稳的状况还一时难以改观；二是果实品质问题，没有品种化，果形差，果壳厚，取仁不易，质量不过关，已成为核桃生产中亟待解决的关键问题。

第三节 我国核桃的发展前景

核桃是世界各国人民喜爱的食品，也是中国人民的传统食品。据世界树生果仁协会统计报道，鉴于人类生存环境的恶化，人类对健康、健脑食品的需求旺盛，果仁类食品消费量在逐年增加。核桃仁这种原来供富人消费的产品，逐渐平民化，年需求量以5%累计增长。另外，核桃易于储藏，货架期长，受季节性影响不大。核桃深加工产业一直没有真正做起来，如核桃油、核桃粉、核桃菜肴、核桃休闲食品等潜力巨大。因此，大力发展核桃种植，才有更多社会资本进入核桃深加工体系，让更多的人享受高营养食品。

第二章 核桃生长发育规律与特性

第一节 根

核桃为深根性树种，其主根发达，侧根水平伸展较远，须根多。一般在条件良好时，成年树主根最深可达6米，侧根水平延伸可达10～12米。根冠比即根幅直径比冠幅直径，通常为2左右。但在土层较薄而干旱或地下水位高的地方，根系分布的深度和广度都减少。

核桃根系的生长与品种类群、树龄及立地条件关系密切，一般而言，早实核桃比晚实核桃根系发达，幼树龄表现尤为明显。1年生早实核桃较晚实核桃根系总数多1.9倍，根系总长度多1.8倍，细根的差别更大，这是早实核桃的一个重要特性。发达的根系有利于对养分、土地和水分的吸收，有利于树体内营养物质的累积和花芽形成，从而实现早结实、早丰产。

核桃在幼苗时根比茎生长快，群众称其为"萝卜根"。据测定，1年生核桃主根长可为主干高的5倍以上，2年生约为主干高的2倍，3年生以后侧根数量增多，地上部生长开始加速，随年龄增长侧根逐渐超过主根。成年核桃树根系的垂直分布主要集中在20～60厘米的土层中，约占总根量的80%以上，水平分布主要集中在以下树干为圆心的4米半径范围内，大体与树冠边缘相一致。

第二节 枝

核桃的一年生枝条可分为营养枝、结果枝和雄花枝三种（见图2-1）。

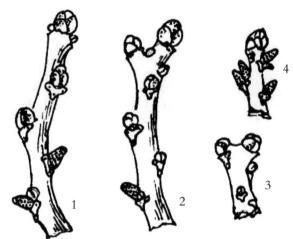

1.长果枝；2.中果枝；3.短果枝；4.雄花枝

图2-1　核桃枝的类型

一、营养枝（叶枝、发育枝）

只着生叶片，不能开花结果的枝条。依其长度可分为短枝、中枝和长枝，其中长枝又可分以下两种：一种是发育枝，由上年叶芽发育而来，顶芽为叶芽，萌发后只抽枝不结果，此类枝是扩大树冠增加营养面积和结果枝的基础；另一种是徒长枝，多由树冠内膛的休眠芽（或潜伏芽）萌发而成。徒长枝角度小、直立，一般节间长，不充实，如数量过多，会大量消耗养分，影响树体正常生长和结果，故生产中应加以控制。

二、结果枝

由结果母枝上的混合芽抽发而成，该枝顶部着生雌花序。按其长度和结果情况可分为长果枝（大于20厘米）、中果枝（10～20厘米）和短果枝（小于10厘米）。健壮的结果枝可再抽生短枝（尾数），多数当年可以形成混合芽，早实核桃还可以当年萌发，二次开花结果。

三、雄花枝

只着生雄花芽的细弱枝，仅顶芽为营养芽，不易形成混合芽，雄花序脱落后，顶芽以下光秃。雄花枝多着生在老弱树或树冠内膛郁密处，是树势过弱的表现，消耗养分较多。

核桃枝条的生长受年龄、营养状况、着生部位及立地条件的影响。一般幼树和壮枝一年中可有两次生长，形成春梢和秋梢，春季在萌芽和展叶同时抽生新枝，随着气温的升高，枝条生长加快，于5月上旬（北方地区）达旺盛生长期，6月上旬第一次生长停止，此期枝条生长量可占全年生长量的90%。短枝和弱枝一次生长结束后即形成顶芽，健壮发育枝和结果枝可出现第二次生长。秋梢顶芽形成较晚。旺枝在夏季则继续增长但生长势减弱。一般来说，二次生长往往过旺，木质化程度差，不利于枝条越冬，应加以控制。幼树枝条的萌芽力和成枝力常因品种（类型）而异，一般早实核桃40%以上的侧芽都能发出新梢，而晚实核桃只有20%左右。需要注意的是核桃背下枝吸水力强，生长旺盛，这是不同于其他树种的一个重要特性，在栽培中应注意控制或利用，否则会造成"倒拉枝"，使树形紊乱，影响骨干枝生长。

第三节　芽

根据其形态、构造及发育特点，可将核桃芽分为混合芽、叶芽、雄花芽和潜伏芽四大类（见图2-2）。

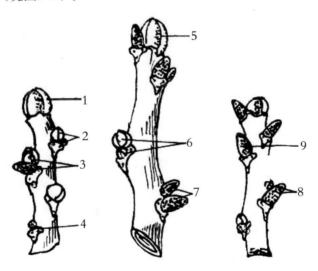

1.顶生混合芽；2.叶、叶叠生芽；3.叶、雄叠生芽；4.休眠芽；5.顶叶芽；

6.混、叶叠生芽；7.雄、雄叠生芽；8.叶、雄叠生芽；9.雄芽

图2-2　核桃芽的类型

一、混合芽

芽体肥大，近圆形，鳞片紧包，萌发后抽生枝、叶和雌花序。晚实核桃的混合芽着生在一年生枝顶部1～3个节位处，单生或与叶芽、雄花芽上下呈复芽状态着生于叶腋间。早实核桃除顶芽为混合芽外，其余2～4个侧芽（最多可达20个以上）也均为混合芽。

二、叶芽（亦称营养芽）

萌发后只抽生枝和叶，主要着生在营养枝顶端及叶腋间，或结果枝混合芽以下，单生或与雄花芽叠生。早实核桃叶芽较少。叶芽常呈宽三角形，有棱，在一枝上以春梢中上部芽较为饱满。一般每芽有5对鳞片。

三、雄花芽

萌发后形成雄花序，多着生在一年生枝条的中部或中下部，数量不等，单生或叠生。形状为圆锥形，为裸芽。

四、潜伏芽（又叫休眠芽）

属于叶芽的一种，在正常情况下不萌发，当受到外界刺激后才萌发，成为树体更新和复壮的后备力量。主要着生在枝条的基部或下部，单生或复生。呈扁圆形，瘦小，有3对鳞片。其寿命可达数十年之久。

第四节　叶

核桃叶为奇数羽状复叶，其数量与树龄和枝条类型有关。正常的一年生幼苗有16～22片复叶，结果初期以前，营养枝上复叶8～15片，结果枝上复叶5～12片。结果盛期以后，随着结果枝大量增加，果枝上的复叶数一般为5～6片，内膛细弱枝只有2～3片，而徒长枝和背下枝可多达18片以上。复叶上着生的小叶数依不同核桃种群而异。小叶由顶部向基部逐渐变小，在结果盛期树上尤为明显。

复叶的多少与质量对枝条和果实的发育关系很大。据观测，着双果的枝条要有5～6片以上的正常复叶，才能保证枝条和果实的发育，并保证连续结实。低于4片的，尤其是只有1～2片叶的果枝，难以形成混合芽，且果实发育不良。

第五节　花

一、雌雄花芽分化时期

核桃由营养生长向生殖生长的转变是一个复杂的生物学过程。开花结实早晚受遗传物质、内源激素、营养物质以及外界环境条件的综合影响，不同类群核桃开始进入结果期的年龄差别很大，例如，早实核桃在播种后2～3年即开花结果，甚至播种当年即可开花；晚实核桃则在8～9年生时才开始结实。不过，适当的栽培措施如嫁接繁殖可以提早开花结实。

核桃雄花芽的分化，在多数地区于4月下旬至5月上旬就已形成了雄花芽原基；5月下旬，雄花芽的直径达2～3毫米，表面呈现出不明显的鳞片状；5月下旬至6月上旬，小花苞和花被的原始体形成，可在叶腋间明显地看到表面呈鳞片状的雄花芽；到翌年4月迅速发育完成并开花散粉。

核桃雌花芽的分化，包括生理分化期和形态分化期。核桃雌花芽的生理分化期约在5月下旬至6月下旬。生理分化期也称为花芽分化临界期，是控制花芽分化的关键时期，此时花芽对外界刺激的反应敏感，因此，可以人为地调节雌花的分化。如在枝条停长之前，可通过修剪措施如摘心、环剥、调节光照、少施氮肥、减少灌水、喷生长延缓剂等，以控制生长，减少消耗，增加养分积累，调节内源激素的平衡，从而促进雌花芽的分化；相反，如需树势复壮，则可采取有利于生长的措施，如多施氮肥，修剪时留上芽，或修剪朝上生长的枝等，则可抑制雌花分化，促进枝叶生长。

雌花芽的形态分化是在生理分化的基础上进行的，整个分化过程约需10个月才能完成。雌花开始分化期为6月下旬至7月上旬，雌花原基出现期为10月上中旬，冬前在雌花原基两侧出现苞片、萼片和花被原基，以后进入休眠期，翌春3月中下旬继续完成花器各部分的分化，直到开花。早实核桃二次花分化从4月中旬开始，5月下旬分化完成，二次花距一次花20～30天。形态分化期需消耗大量的营养物质，应及早供给和补充养分。因此，掌握雌花形态分化期，对核桃丰产栽培具有重要意义。

二、雌雄花开放特点

核桃一般为雌雄同株异花（见图2-3）。

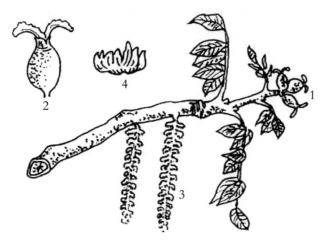

1.雌花序；2.雌花；3.雄花序；4.雄花

图2-3 核桃雌花和雄花

在个别植株上，也发现有雌雄同花现象，只不过，雌雄同序这种情况在生产经营上意义不大。核桃雄花序长8～12厘米，偶有20～25厘米者，每花序着生130朵左右小花，多者达150，每序可产花粉约180万粒或更多，重0.3～0.5克。而有生活力的花粉约占25%，当气温超过25℃时，会导致花粉败育，降低坐果率。雄花春季萌动后，经12～15日，花序达一定长度，小花开始散粉，其顺序是由基部逐渐向顶端开放，约2～3天散粉结束。散粉期如遇低温、阴雨、大风等，将对授粉不利。雄花过多，消耗养分和水分过多，试验表明，适当疏雄（除掉雄芽或雄花约95%）有明显的增产效果。

核桃雌花常常单生或2～4朵簇生，有的品种有小花10～15朵呈穗状花序，如穗状核桃。雌花初显露时幼小子房露出，二裂柱头抱合，此时无授粉受精能力。约5～8天，子房逐渐膨大，羽毛状柱头开始向两侧张开，此时为始花期；当柱头呈倒八字形时，柱头正面突起且分泌物增多，为雌花盛花期，此时接受花粉能力最强，为授粉最佳时期。经3～5天以后，柱头表面开始干涸，授粉效果较差。之后柱头逐渐枯萎，失去授粉能力。

核桃雌雄花的花期不一致，称为雌雄异熟性。雄花先开者叫雄先型，雌花先开者叫雌先型，雌雄花同时开放者为雌雄同熟型，但雌雄同熟情况较少。各种类型因品种不同而异。多数研究认为，以同熟型的产量和坐果率最高，雌先型次之，雄先型最低。

核桃一般每年开花一次。早实核桃具有二次开花结实的特性。二次花着生在当年生枝顶部。花序有三种类型：第一种是雌花序，只着生雌花，花序较短，一般长10～15厘米；第二种是雄花序，花序较长，一般为15～40厘米，对树体生长不利，应及早去掉；第三种是雌雄混合花序，下半序为雌花，上半序为雄花，花序最长可达45厘米，一般易坐果。此外，早实核桃还常出现两性花；一种是雌花子房基部着生雄蕊8枚，能正常散粉，子房正常，但果实很小，早期脱落；另一种是在雄花雄蕊中间着生一发育不正常的子房，多早期脱落。二次雌花多在一次花后20～30天时开放，如能坐果，坚果成熟期与一次果相同或稍晚，果实较小，用作种子能正常发芽。用二次果培育的苗木与一次果苗木无明显差异。

核桃花期的早晚受春季气温的影响较大。如云南漾濞的核桃花期较早，3月上旬雄花开放，3月下旬雌花开放；北京地区雄花开放始期为4月上旬，雌花为4月中旬；而辽宁大连的花期最晚，5月上旬为雌、雄花开放始期。即使同一地区不同年份，花期也有变化。对一株树而言，雌花期可延续6～8天，雄花期延续6天左右；一个雌花序的盛期一般为5天，一个雄花序的散粉期为2～3天。

三、核桃的授粉特性

核桃系风媒花。花粉传播的距离与风速、地势等相关，在一定距离内，花粉的散布量随风速增加而加大，但随距离的增加而减少。据研究报道，最佳授粉距离应在距授粉树100米以内，超过300米，几乎不能授粉，这时需进行人工授粉。花粉在自然条件下的寿命只有5天左右。据测定，刚散出的花粉生活力高达90%，放置一天后降至70%，在室内条件下，6天后全部失活，即使在冰箱冷藏条件下，采粉后12天，生活力也下降到20%以下。在一天中，以上午9～10时、下午3～4时给雌花授粉效果最佳。

核桃的授粉效果与天气状况及开花情况有较大关系。多年经验证明，凡雌花期短、开花整齐者，其坐果率就高；反之则低。据调查，雌花期5～7天者，坐果率高达80%～90%，8～11天者，坐果率在70%以下，12天者，坐率仅为36.9%。花期如遇低温阴雨天，则会明显影响正常的授粉受精活动，降低坐果率。

有些核桃品种或类型不需授粉也能正常结出有生活力的种子，这种现象称为孤雌生殖。原西北林学院用纸袋隔离花粉，并对雌花和果实进行细胞形态学研究发现，未受精的雌花坐果形成的核桃是由体细胞发育形成的。这表明，不经授粉的核桃也能结出一定比例的有生殖能力的种子，而且，这个种子播种形成的苗木和母本性状一致。

第六节　果　实

一、生长发育的规律

从雌花柱头枯萎到坚果成熟的整个过程，称为果实发育期。一般为120天左右，可分为四个时期（以黄土高原南缘地区为例）。

1.果实速长期。一般在5月初至6月初，是果实生长最快的时期，其体积生长量约占全年总生长量的90%以上，重量则占70%左右。

2.果壳硬化期。亦称硬核期。6月初至7月初。坚果核壳自果顶向基部逐渐变硬，种仁由浆状物变成嫩白核仁，营养物质也迅速积累，果实大小已基本定型。

3.油脂迅速转化期。7月初至8下旬，为坚果脂肪含量迅速增加期。同时，核仁不断充实，重量迅速增加，含水率下降，风味增加。

4.果实成熟期。8月下旬至9月上旬，果实青果皮由绿变黄，有的出现裂口，坚果易脱出。

二、落花落果预防

核桃雌花子房未经膨大而脱落者为落花，子房发育膨大而后脱落者为落果。一般来说，核桃多数品种或类型落花较轻，落果较重，核桃落花现象亦很严重，落花率常因品种而异，一些品种落花率可达50%以上，最高可达90%左右。核桃落果多集中在柱头干枯后的30～40天内。尤其果实速长期落果最多，称为生理落果。核桃自然落果可达30%～50%。不同品种和单株间通常落果率差异较大，多者达60%，少者不足10%。核桃落果原因往往与受精不良，营养不足，花期低温、干旱等有关。针对落果原因，结合核桃生物学特性，在加强土、肥、水管理的基础上，进行花期叶面喷肥（加硼酸0.2%～0.3%），人工辅助授粉和疏除过多雄花芽等，有利于提高核桃坐果率。

第三章　优良品种

核桃优良品种和其他水果优良品种一样，都是无性系品种，需要用嫁接方法来繁殖。不管是苗圃嫁接，或栽植后嫁接，只有嫁接后才能将良种的特性复制下来，保持良种高产、优质的特性。良种不但具有果大、壳薄、肉厚、味香等特点，而且产量高，因为它侧芽开花比例高。晚实和老品种只有枝条顶端1~3个芽子是花芽，而早实品种枝条顶端8~15个芽子都是花芽，甚至更多。优良品种还可能具有抗晚霜等特点。

核桃品种有早实品种和晚实品种。早实品种，群众也叫矮化品种，一般树最高不超过10米（但比乔化苹果高得多），从第二年就可以开花结果。晚实品种，一般可长到10~20米高，7~10年后才陆续见果，大量结果就需等到10~12年以后。早实品种比较娇气，要求水肥条件要好，否则容易干梢，产量大幅减少；晚实品种寿命长（可达100~200年），耐粗放管理，产量潜力大，30~50年生时，可株产50千克以上。本章主要介绍北方地区的主要优良品种。

第一节　早实核桃优良品种

一、香玲

山东果树研究所人工杂交育成。1989年通过林业部鉴定。树势中庸，树姿直立，分枝力强。高接第二年成花结果，第四年株产5.18千克，侧生结果枝率88%，每平方米树冠投影产仁180克以上。坚果圆形，三径平均3.4厘米，单果重10~15克，因结果多少和栽培条件而有变化。果面较光滑，不易开裂，壳厚0.6毫米，可取整仁，出仁率57%，仁色浅黄，品质上等。陕西渭北地区3月下旬发芽，4月中旬雄花盛期，4月下旬雌花盛期，属雄先型，8月下旬果实成熟。

该品种抗寒、抗病、耐旱性强，适于密植丰产栽培，林粮间作和梯田边沿栽植。丰产性强，但结果过多时果实变小。和维纳栽植在一起，维纳产量大大提高。

二、鲁光

山东省果树研究所1978年杂交选育而成。1989年通过林业部鉴定。树势较强，树姿开张。分枝力强，平均每母枝抽生5～6个新枝，枝较粗，平均新梢长度15～20厘米。通常2年生开始结果，结果枝属长果枝型，新枝果枝率平均81.8%，侧生枝果枝率平均80.8%，每果枝平均坐果1.3个。丰产性强，每平方米冠幅投影面积产仁量200克以上。坚果略长圆球形，平均单果重16.7克，每千克60～70个。壳面光滑美观，商品性状好，缝合线平而且紧密，壳厚0.8～1.0毫米。取仁易，可取整仁。内种皮黄色，无涩味，仁饱满，出仁率56.2%～62%。在陕西渭北地区3月下旬萌芽，4月上中旬雄花散粉，为雄先型，雌花盛期在4月下旬。9月上旬果实成熟。

对炭疽病、黑斑病有一定抗性。适宜在土层深厚的山地、丘陵栽培。

三、丰辉

山东省果树研究所人工杂交而成。1989年通过林业部鉴定。树枝紧凑，呈半圆形，短果枝结果早，中熟品种，高接第二年成花结果，第四年树高4.2米时株产4.82千克。每平方米树冠投影产仁180克。坚果长圆形，平均单果重12克，最大12.8克，三径平均3.38厘米。壳面光滑，壳厚0.9毫米，可取整仁，出仁率57%～62%，仁色中等。结果过多时，果实变小。陕西渭北地区3月下旬发芽，4月中旬雌花盛期，4月下旬雄花盛期，属雌先型，8月下旬果实成熟。

不耐干旱，抗病力和抗寒力较强。适宜塬地、四旁栽植，山地梯田及早密丰建园。

四、元丰

山东省果树研究所杂交选育而成。树势较强，树冠开张，分枝力强。果枝率78.5%，侧花芽比例83.3%，每果枝坐果平均1.2个。雄先型，在陕西黄龙县9月中旬成熟，比香玲、鲁光等晚5～10天成熟。

果实圆形稍扁，美观，产量高，风味中等。适宜塬地和山地梯田地建园，四旁栽植和早期密植建园。

五、辽核1号

辽宁省经济林研究所人工杂交培育而成。1979年通过省级鉴定，1989年通过部级鉴定。树势强健，树姿直立，树冠圆形或圆柱形。分枝力强，5年生新枝可达492个，发枝力平均为3.8，枝条密集粗壮，在良好的栽培条件下，常发生二次枝。2年生开始结果，结果枝平均长度6.0厘米，粗1.0厘米，果枝率平均90%，侧生果枝率可达100%。每果枝着生雌花2～3朵，坐果率60%左右，每果枝平均坐果1.3个。连续丰产性强，每平方米冠幅投影面积产仁量200克以上。坚果圆形，壳面较光滑，缝合线较紧密。三径平均3.4厘米，单果重10克左右。壳厚0.9毫米左右，内隔壁膜质或退化。取仁易，可取整仁，出仁率56%～60%。果仁饱满、黄白色。陕西渭北地区4月上旬萌芽，4月下旬雄花散粉，5月上旬雌花出现，5月中旬雌花盛期，属雄先型，6月上中旬二次雄花散粉，9月上旬果实成熟，11月初落叶。

该品种树势健壮，抗逆性强，适宜在土壤条件较好的立地条件下栽培。

六、辽宁3号

辽宁经济林研究所人工杂交培育而成。1989年通过林业部鉴定。树势较开张，枝条密集，发枝力强，可抽生二次枝。高接第二年成花结果，第四年树高4.7米，折合株产量3.7千克。侧生结果枝率90%以上，坐果率60%～80%，结果枝连续结果能力强，每平方米树冠投影产仁170～200克。坚果圆形，单果重10～11克，三径平均3.15厘米，壳面较光滑，壳皮厚1.3毫米，缝合线紧，取仁容易，出仁率58%，仁色中等，品质中上。陕西渭北地区4月中旬发芽，5月初雄花盛期，5月上旬雌花盛期，属雄先型。9月中旬果实成熟。

抗寒、抗病力强，并且耐旱，适于在土壤和管理条件较好的平地、丘陵地区栽培，可作为四旁绿化和密植集约栽培。

七、辽宁4号

辽宁省经济林研究所人工杂交培育而成。1989年通过部级鉴定。树势中庸，树姿半开张，枝条疏散，树冠长圆形。在良好的栽培条件下，幼树抽生二次枝的能力较强，一般每母枝抽二次枝2～3个，以后减弱。2年生开始结果，结果枝平均长6.0厘米，粗0.7厘米，属于中短枝型。侧芽抽生结果枝的能力强，果枝率可达100%。每果枝着生雌花多为2朵。平均每果枝坐果1.5个，坐果率75%。每平方米冠幅投影面积产仁量200克以上。坚果圆形,果顶微尖,果壳表面光滑,缝合线平或微隆起,不易开裂。三径平均3.4厘米,平均单果重11.4克。壳皮厚0.7毫米。取仁极易,可取整仁。仁饱满,色浅,出仁率58%~62.2%。陕西渭北地区4月中旬萌芽,5月下旬雄花散粉,5月中旬雌花盛期,属雄先型。9月上中旬果实成熟,10月下旬落叶。

该品种综合性状好,抗病性强,果实一般不感染病害。适宜在土层深厚的地方栽植。

八、西扶1号

原西北林学院从扶风隔年核桃实生树选育而成。1989年通过林业部鉴定。树势强壮,树姿较开张。第二年成花结果,第四年树高5.6米,侧生结果枝率77.8%,株产8.57千克。每平方米树冠投影产仁290克。坚果长圆形,单果重12.5克,三径平均3.17厘米,壳面较光滑,壳皮厚1.2毫米,横膈膜质,取仁容易,出仁率56%。核仁饱满色浅,风味甜香,品质上等。陕西渭北地区4月初发芽,4月下旬雄花盛期,5月初雌花盛期,柱头红色,雌、雄花期相距10天左右,属雄先型,9月上中旬果实成熟。

该品种抗病、抗寒和耐旱性强。坐果率高,丰产性很强,适于密植栽培。

九、西林2号

原西北林学院从新疆核桃实生树中选育而成。1989年通过林业部鉴定。树姿开张,分枝力强,节间较短,侧生结果枝率63%,属早实品种,矮化性状明显,6年生无性系树高2米左右,株产1.53千克,每平方米树冠投影产仁266克。坚果圆形,三径平均3.94厘米,单果重17克,最大20克,属大果型。壳面较光滑,壳厚1.2毫米,横膈膜质,取仁容易,出仁率61%,核仁饱满淡黄色,味脆香甜,品质上等。陕西渭北地区3月下旬至4月上旬发芽,4月中旬雌花盛期,雄花盛期晚于雌花2~3天,属雌先型,9月上中旬果实成熟。

适应性和抗病力强,较抗寒和耐旱,宜带壳销售和生食。适宜塬地、梯田地、四旁地及早密丰建园。

十、陕核5号

陕西省果树研究所从扶风隔年核桃中选育而成。1989年通过林业部鉴定。树姿半开张,枝条粗短,分枝力强,以短果枝结果为主,侧生结果枝率47%。第二年成花结果，第三年树高4.8米，株产4.0千克，每平方米树冠投影产仁250克。坚果长圆形，三径平均3.48厘米，单果重14克，壳面较光滑，壳皮厚1.0毫米，出仁率60%，仁色较浅。陕西渭北地区4月上旬发芽，4月下旬雄花盛期，5月上旬雌花盛期，属雄先型。

抗病、抗寒及耐旱均较强。适合四旁和分散栽植。

十一、维纳：美国品种

树势旺，树冠紧凑，短枝结果。坚果尖圆形，和国内品种相比，外表欠美观。壳较厚，约为1.8毫米。侧花芽比例82%，单果枝平均坐果1.2个。在陕西黄龙县9月15日至17日成熟。

该品种极丰产，内膛结果能力强。适宜塬地、山地梯田、四旁地及早密丰建园。散生、建园均可。

十二、强特勒：美国品种

树势较旺，树冠开张。雄先型。坚果长圆形，壳面光滑美观。该品种的雌花期很晚，在黄土高原地区等易遭受晚霜危害的地方，是一个极有前途的替代品种。

栽培该品种时，周围宜有实生大树，或有相应雄花期晚的核桃品种，以利授粉。

第二节　晚实核桃优良品种

一、晋龙1号

山西省林科所1978年选育。1990年通过省科委鉴定，1991年列入全国推广品种。坚果较大，平均单果重14.85克，最大16.7克，三径平均3.78厘米，果形端正，壳面光滑，颜色较浅，壳厚1.09毫米，缝合窄而平，结合紧密，易取整仁，出仁率61.34%，平均单仁重9.1克，最大10.7克，仁色浅，风味香，品质上等。植株生长势强，树姿开张，分枝角60～70度，树冠圆头形。叶片大而厚，深绿色，属雄先型，中熟品种，突出的特点是侧花芽（第3～8个）常能开花坐果（初果期）并能单性结实。6年生嫁接树，树高3.8米，冠径3米×3米，结果株率58.82%，株均坐果14个，单株最高坐果46个。晋中地区4月上旬萌芽，5月上中旬雌花盛期，雄花比雌花早开10～15天，9月上中旬果实成熟，10月下旬落叶，果实发育期120天，营养生长期210天。

抗寒、耐旱、抗病性强。在栽培条件好的情况下，坚果大，种仁饱满，连续结果能力强。适合林粮间作，四旁和分散栽植。

二、晋龙2号

山西省林科所1978年选自汾阳市南偏城村当地晚实核桃类群。1994年通过省科委鉴定。坚果较大，平均单果重15.92克，最大18.1克，三径平均3.77厘米，圆形，缝合线紧、平、窄，壳面光滑美观，壳厚1.22毫米，可取整仁，出仁率56.7%，平均单仁重9.02克，仁色重，饱满，风味香甜，品质上等。植株生长势强，树姿开张，分枝角70度左右，树冠半圆形，属雄先型，中熟品种。6年生嫁接树，树高3.92米，冠径4.5米×4.5米，新梢平均长48.1厘米，粗1.21厘米，果枝率12.6%，果枝平均坐果1.53个，株均坐果29个，单株最高坐果60个。对栽培条件要求不太严格。晋中地区4月上中旬萌芽，5月初雄花盛开，5月中旬雌花盛开，9月上中旬果实成熟，10月下旬落叶。果实发育期120天，营养生长期210天。

抗寒、抗晚霜、耐旱、抗病性强。在栽培条件好的情况下，坚果大，种仁饱满，连续结果能力强。适合林粮间作，四旁和分散栽植。

三、西洛3号

原西北林学院选育。树势旺，分枝力中等。由于枝条长且充实，嫁接亲和力强。陕西渭北地区9月中旬成熟，侧花芽率12%，果枝率35%，90%为双果。坚果圆形或近圆形，壳面光滑，略有麻点，易取仁。核仁充实、饱满、色浅、味香甜，嫁接树4～5年见果，7～9年后进入盛果期。15～20年生时可株产20～25千克。

较耐干旱瘠薄，适宜于分散栽植和林粮间作。

四、礼品一号

辽宁省经济林研所选育。树势中庸，树姿半开张，分枝力中等，结果枝率58.4%，以长果枝结果为主，每平方米树冠投影产仁150克。坚果长阔圆形，三径平均3.6厘米，单果重10克。壳面光滑美观，壳皮厚0.6毫米，内褶壁和横隔退化，取仁极易，出仁率67.3%～73.5%。陕西渭北地区4月中旬发芽，5月上旬雄花盛期，5月中旬雌花盛期，属雄先型，9月中旬果实成熟。

抗寒、抗病，适应性较强。适合林粮间作，四旁和分散栽植。

第四章　良种壮苗培育

第一节　育　苗

一、采种及贮藏

1.采种。选择生长健壮、无病虫害、种仁饱满的壮龄树（30～50年生）为采种母树。当坚果达到形态成熟，即青皮由绿变黄并开裂时即可采收。多用人工打落。当树上果实青皮有1/3以上开裂时打落。为确保种子质量，种用核桃应比商品核桃晚采收3～5天。种用核桃不用漂洗，可直接将脱青皮的坚果拣出晾晒。未脱皮的5天后即可脱去青皮。难以离皮的青果则成熟度差，不宜作种子。晾晒的种子要薄层摊在通风干燥处，不宜放在水泥地面、石板或塑料上受阳光直接暴晒，以免影响种子生活力。

2.贮藏。贮藏时应注意保持低温（5℃左右）、空气相对湿度50%～60%和适当通气，以保证种子经贮藏后仍有正常的生活力。核桃种子的贮藏方法主要是室内干藏法，放在经过消毒的低温、干燥、通风的室内或地窖内。种子少时可以袋装吊在屋内，既防鼠害，又可通风散热。种子如需过夏，贮藏时就要用密封干藏法，即将种子装入双层塑料袋内，并放入干燥剂密封，然后放进可控温、控湿、通风的种子库或贮藏室内。

二、圃地选择与整地

选择圃地是育苗成败的基础。苗圃地应选择地势平坦、土壤肥沃、土质疏松、背风向阳、排水良好、有灌溉条件且交通方便的地方。切忌选用撂荒地、盐碱地（含量超过0.25%）以及地下水位在地表1米以内的地方作苗圃地。此外，也不能选用重茬地，因重茬可造成必需元素的缺乏和有害元素的积累，从而降低苗木产量和质量。

圃地的整理也是保证苗木生长和质量的重要环节。整地主要是指对土壤进行深翻耕作。通过整地可增加土壤的通气透水性，并有蓄水保墒、翻埋杂草残茬、混拌肥料及消灭病虫害等作用。由于核桃幼苗的主根很深，深耕有利于幼苗根系的生长。翻耕深度应因时因地制宜。秋耕宜深（20～25厘米），春耕宜浅（15～20厘米）；干旱地区宜深，多雨地区宜浅；土层厚时宜深，河滩地可浅；移植苗宜深（25～30厘米），播种苗可浅。北方宜在秋季深耕并结合施肥和灌冻水，春播前可再浅耕一次，然后耙平供播种用。

三、播前种子处理

秋播种子不需任何处理，可直接播种。春季播种时，播种前应进行浸种处理，以确保发芽。常用的方法有如下几种：

1.冷水浸种法。用冷水浸泡7～10天，每天换一次水，或将盛有核桃种子的麻袋放在流水中，使其吸水膨胀裂口，即可播种。

2.冷浸日晒法。将冷水浸泡过的种子置于阳光下暴晒，待大部分种子裂口时，即可播种。

3.温水浸种法。将种子放在40℃温水缸中，然后搅拌，使其自然降至常温后，浸泡8～10天，每天换水，种子膨胀裂口后，捞出播种。

4.石灰水浸种法。把净50千克核桃倒入1.5千克石灰加10升水的溶液中，用石头压住核桃，再加冷水，不换水浸泡7～8天，然后捞出暴晒几小时，种子裂口即可播种。

四、播种

1.播种时期。可分为秋播和春播。秋播宜在土壤结冻前进行（一般在10月下旬至11月下旬）。应注意秋播不宜过早或过晚。早播气温高，种子在湿土中易发芽或霉烂，且易受牲畜鸟兽盗食；晚播土壤结冻，操作困难。秋播的好处是不必进行种子处理，出苗整齐，苗木生长健壮。但秋播只适于南方，北方地区因冬季严寒和鸟兽危害较重不宜秋播。春播宜在土壤解冻之后马上进行（北方地区在3月下旬至4月初），春播的缺点是播种期短，田间作业紧迫。若延迟播种则气候干燥，蒸发量大，不易保持土壤湿度，同时生长期短，生长量小，会降低苗木质量。

2.播种方法。多为点播。苗圃地育苗时多先做成1～2米宽的苗床，每床播2～4行，行距30～60厘米，株距10～15厘米。

播种种子放置的方法：种子缝合线与地面垂直，种尖向一侧摆放，这样出苗最好（见图4-1）。播后覆土厚度5～10厘米。秋播宜深，春播可浅些。

1.缝合线和地面垂直；2.缝合线和地面平行；3.种尖朝下；4.种尖朝上

图4-1 核桃种子不同放置方式出苗情况

3.播种量。播种量因株行距和种子大小及质量不同而异。每667平方米需种子120～240千克。可产合格苗7000～10000株。

五、播种苗苗期管理

核桃播种（春播）后20天左右开始发芽发苗，40天左右出齐。要培育健壮的砧木苗，必须加强苗期的田间管理工作。

1.补苗。当苗木大量出土时，应及时检查，若发现缺苗严重，应及时补苗，以保证单位面积的成苗数量。补苗的方法：可用水浸催芽的种子重新点播，也可将边行或多余的幼苗带土移栽。

2.施肥灌水。一般来说，在核桃苗木出齐前不须灌水，以免造成地面板结。但北方一些地区，春季干燥多风，土壤保墒能力较差，出苗率多受影响，这时需及时灌水，并视具体情况进行浅松土。当苗出齐后，为了加快生长，应及时灌水，5～6月是苗生长的关键时期，北方一般要灌水2～3次，结合灌水追施速效氮肥2次，每次每667平方米施硫酸铵10千克左右。7～8月雨量较多，可根据雨情决定灌水与否，并追施磷钾肥2次。9～10月一般灌水2～3次，特别要保证灌最后一次封冻水。此外，幼苗生长期间还可以进行根外追肥，用0.3%的尿素或磷酸二氢钾液喷布叶面，每7～10天一次。在雨水多的地区或季节要注意排水，以防苗木在晚秋徒长或烂根死亡。

3.中耕除草。苗圃的杂草生长快，繁殖力强，与幼苗争夺水分和养分，有些杂草还是病虫的媒介和寄生场所，因此，苗圃地必须及时中耕除草。及时中耕除草还可以疏松表土，减少蒸发，防止地表板结，促进气体交换，提高土壤中有效养分的利用率，给土壤微生物活动创造有利的条件。幼苗前期，中耕深度为2～4厘米，后期可逐步加深到8～10厘米，中耕次数可视具体情况进行2～4次。

4.防止日灼。幼苗出土后，如遇高温暴晒，其嫩茎先端往往容易焦枯，即日灼，俗称"烧芽"。为了防止日灼，除注意播前的整地质量外，播后可在地面覆草，这样可降低地温，减缓蒸发，亦能增强苗势。

5.防治病虫害。核桃苗木的病害主要有黑斑病、炭疽病、苗木菌核性根腐病、苗木根腐病等。其防治方法除在播种前进行土壤消毒和深翻之外，对苗木菌核性根腐病和苗木根腐病可用10%硫酸铜或甲基托布津1000倍液浇灌根部，每667平方米用药液250～300千克，再用消石灰撒于苗茎基部及根际土壤，对抑制病害蔓延有良好效果。对黑斑病、炭疽病、白粉病等可在发病前每隔10～15天喷等量式波尔多200倍液2～3次，发病时喷70%甲基托布津可湿性粉剂800倍液，防治效果较好。

核桃苗木的虫害主要有刺蛾、金龟子、浮尘子等。对此，应选择适宜时期喷布90%敌百虫1000倍液、2.5%溴氰菊酯5000倍液、80%敌敌畏乳油1000倍液或50%杀螟松2000倍液等，都可取得良好效果。

6.苗木断根。直播核桃苗木往往主根很长，侧根较少，掘苗困难。为了控制主根伸长生长，利于掘苗，提高移栽成活率，在夏末秋初用铁铲斜铲断根（见图4-2）。

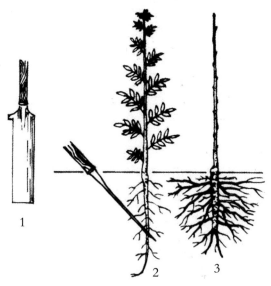

1.铁铲；2.斜铲断根；3.断根后苗木根系发育情况

图4-2　核桃苗木斜铲断根

7.越冬防寒。多数地区核桃苗木不需防寒，但在冬季经常出现−20℃以下低温的地区，则需做好苗木的保护工作，其方法是将苗木就地弯倒，然后用土埋好即可；也可先平茬后埋土，效果也不错；亦可用苞谷秆覆盖。

8.苗木移植。在北方寒冷地区，为了有利于苗木越冬，往往在结冻前将苗木全部挖出假植，翌年春季解冻后再栽植，由于切断了主根，有利于侧根或须根的生长，定植后缓苗较快，成活率高。挖苗时应注意保护根系，要求在起苗前一周灌一次透水，使苗木吸足水分，便于挖掘。

第二节　嫁　接

嫁接苗的培育是嫁接繁殖中的关键环节，它直接决定着嫁接树的优劣和苗圃地的经济效益。

一、接穗选择

选择接穗前首先应选好采穗母树。采穗母树应为生长健壮、无病虫害的优良品种树，选好后应及时做好标记。合格的枝接穗条标准应该是，枝接穗条为长1米左右、粗1～1.5厘米的发育枝，枝条要求生长健壮，发育充实，髓心较小，无病虫害。芽接所用穗条应是木质化较好的当年发育枝，所采接芽应成熟饱满。

二、接穗的采集、贮运及处理

1.接穗的采集。枝接接穗的采集时间，从核桃落叶后直到芽萌动前（整个休眠期）都可进行，但因各个地区气候条件不同，采穗的具体时间亦有所不同。北方核桃"抽条"现象严重（特别是幼树）、冬季或早春枝条易受冻害的地区，均宜在秋末冬初采集，此时采的接穗只要贮藏条件好，防止枝条失水或受冻，就可保证嫁接成活率。冬季"抽条"和寒害轻微地区或采穗母树为成龄树的，可在春季芽萌动之前采穗，此时可随采随用或短期贮藏，接穗的水分充足，芽子处于即将萌动状态，嫁接成活率显著提高。芽接所用接穗，多为夏季随用随采或短暂贮藏，贮藏时间越长，成活率越低，一般贮藏期不宜超过5天。

采后将穗条根据长短和粗细分级（弯曲的弓形穗条要单捆单放），每捆30～50根，打捆时穗条基部要对齐，用蜡封剪口，以防失水。最后用标签标明品

131

种。芽接用的接穗，从树上剪下后要立即去掉复叶，留2厘米左右长的叶柄，每20或30根打成一捆，标明品种，打捆时要防止叶柄蹭伤幼嫩的表皮。

2.接穗的贮运。枝接所用的接穗最好在气温较低的晚秋或早春运输，高温天气易造成霉烂或失水，严冬运输接穗时应注意防冻。接穗运输前，先用塑料薄膜包好密封，远途运输时塑料包内要放些湿锯末。铁路运输时，还需将包好的接穗装入木箱、纸箱或麻袋内快速交运。

接穗就地贮藏过冬时，可在背阴处挖宽1.2米、深80厘米的沟，长度按接穗的多少而定，然后将标明品种的成捆接穗放入沟内（若放多层，中间应加10厘米左右的湿沙或湿土），接穗上盖湿沙或湿土，厚约20厘米，土壤结冻后加厚到40厘米。如在土壤解冻前使用接穗，上面还要加盖草帘或玉米秸。当春季气温升高时，需将接穗转移到温度较低的地方，如土窑、窑洞、冷库等。核桃接穗贮藏的最适温度是－5℃。

芽接所用的接穗，采下后用塑料薄膜包好，注意通气，不可密封，里面放些湿锯末等。运到嫁接地时，要及时打开薄膜，置于潮湿阴凉处，并经常洒水保湿。

3.接穗的处理。接穗的处理主要包括剪截和蜡封，一般需在嫁接前进行。接穗剪截的长度因嫁接方法而异，室内嫁接所用接穗一般长13厘米左右，有1～2个饱满芽；室外枝接一般长16厘米左右，有2～3个饱满芽。无论哪种接穗都要特别注意上部第一芽的质量，一定要完整、饱满、无病虫害，以中等大小为好。上部第一芽距离剪口1厘米左右。发育枝端部分芽体虽大但质量差，不宜作接穗用。

接穗蜡封能有效地防止水分散发。蜡封时间一般应在嫁接前15天以内进行，效果最佳。蜡封的方法是将石蜡放入容器（铝锅、烧杯等）内，可先在容器底部加少量水，然后加热，使蜡液保持在90～100℃温度内，将剪成段的接穗一头在蜡液中速蘸一下，甩掉表面多余的蜡液，再蘸另一头，使整个接穗表面包被一层薄而透明的蜡膜。注意蘸蜡的时间不要超过3秒，否则就会烧伤接穗。如蜡层发白掉块，说明蜡液温度过低。为保证蜡液的温度适当，可在容器内插温度计，随时观察温度的变化，当温度超过100℃时，应及时将容器撤离热源。

三、嫁接时期

核桃的嫁接时期因地区和气候条件不同而异。各地应根据当地实际情况来决定具体的嫁接时间。一般来说，室外枝接的适宜时期是从砧木萌芽至展叶期，此时生长开始加快，砧穗易离皮，伤流较少或没有伤流，有利于愈伤组织形成和成活。北方多在3月下旬至4月下旬。北方地区芽接时间多在5月至7月中旬进行，其中以5月下旬至6月上旬为最适期。选择好适宜的嫁接时期对提高成活率有较大影响。

四、嫁接方法

根据嫁接时期和所用的接穗不同，可分为枝接和芽接两大类，每类都包括多种嫁接方法。

1.枝接。以枝条为接穗的嫁接方法称为枝接。其嫁接方法主要有劈接、插皮舌接、插皮接、切接等。

（1）劈接。适于年龄较大、苗干较粗的砧木，是过去应用最为普遍的一种嫁接方法。操作要点：选用2～4年生直径3厘米以上的砧木，于地面上10厘米处锯断砧干，削平锯口，用刀在砧木中间垂直劈入，深约5厘米，接穗两侧各削一对称的斜面，长4～5厘米，然后迅速将接穗削面插入砧木劈口中，如接穗较砧木细，应使一侧形成层对齐，然后用塑料条将接口绑严，用地膜将整个接穗和接口包住，不能漏风，保持接穗和接口湿度，以利愈合。最后用报纸卷一圆筒遮阴促愈。（见图4-3）。

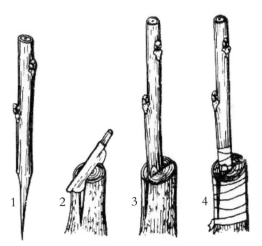

1.接穗切削；2.砧木切削；

3.插入接穗；4.接口包扎

图4-3 劈接

（2）插皮舌接。操作方法是选适当位置锯断（或剪去）砧木树干，削平锯口，然后选砧木光滑处由上至下削去老皮，长5～7厘米、宽1厘米左右，露出皮层。蜡封接穗则削成长6～8厘米的大削面（注意刀口一开始就要向下切凹，并超过髓心，然后斜削，保证整个斜面较薄），用手指捏开削面背后皮层，使之与木质部分离，然后将接穗的木质部插入砧木削面的木质部与皮层之间，使接穗的皮层盖在砧木皮层的削面上，最后用塑料条绑紧接口（见图4-4）。接后用地膜包住、用报纸遮阴的方法同劈接。此法用于需要将皮层与木质部分离，故应在皮层容易剥离、伤流较少时进行。注意接前不要灌水，接前3～5天预先锯断砧木放水，以避免伤流液过多影响嫁接成活率。此法既可用于苗木嫁接，也可用于大树高接。

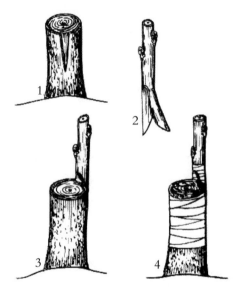

1.砧木切削；2.接穗切削；3.插入接穗；4.接口包扎

图4-4　插皮舌接

（3）插皮接。又叫皮下接。操作要点：首先剪断或锯断砧干，削平锯口，在砧木光滑处，由上向下垂直划一刀，深达木质部，长约1.5厘米，顺刀口用刀尖向左右挑开皮层，如接穗太粗，不易插入，也可在砧木上切入一个3厘米左右上宽下窄的三角形切口。接穗的削法是，先将一侧削成一个大削面（开始先向下切，并超过中心髓部，然后斜削），长6～8厘米。其另一侧的削法有两种：一种是在两侧轻轻削去皮层（从大削面背面往下0.5～1厘米处开始）；另一种是从大削面背面0.5～1厘米处往下的皮全部切除，露出木质部。前一种削法在插接穗时要在砧木上纵切，深达木质部，将接穗顺刀口插入，接穗内侧露白0.7厘米左右；后一种削法在插接穗时不须纵切砧木，直接将接穗的木质部插入砧木的皮层与木质部之间，使二者的皮部相接，然后用塑料布包扎好（见图4-5）。接后用地膜包住、用报纸遮阴的方法同劈接。

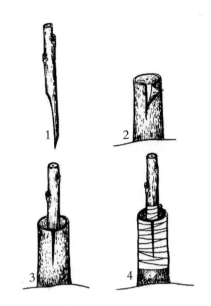

1.接穗切削；2.砧木开口；3.接入接穗；4.接口包扎

图4-5　插皮接

（4）切接。是苗圃中常用的一种嫁接方法。剪断砧木后从断面的一侧在皮层内略带木质部垂直劈入，使切口长度与接穗削面长度一致。接穗的削法是先在一侧削一斜面，长6～8厘米，再在另一侧削一长1厘米左右的小斜面，将大斜面朝里插入砧木劈口，对准形成层，然后用塑料条包严扎紧（见图4-6）。接后用地膜包住、用报纸遮阴的方法同劈接。

1.接穗切削；2.砧木开口；3.接入接穗；4.接口包扎

图4-6　切接

2.芽接。核桃芽接方法较多，根据芽片或切口的形状，可分为方块形芽接、丁字形芽接、工字形芽接等方法。但无论哪种方法，芽片均应取自当年生长健壮的发育枝的中下部，以中等大的芽为最好，砧木以2～3年生经平茬后的当年生枝最为理想，要选在砧木中下部平直光滑、节间稍长的部位嫁接。

（1）方块形芽接。此法成活率较高，各地应用较多。操作方法是先在砧木上切一方块，将树皮挑起，再按回原处，以防切口干燥。然后在接穗上取下与砧木方块大小相同的方形芽片，并迅速镶入砧木切口，使芽片切口与砧木切口密接，然后绑紧即可（见图4-7）。要求芽片长度不小于4厘米，宽度2～3厘米，芽内维管束（护芽肉）保持完好。

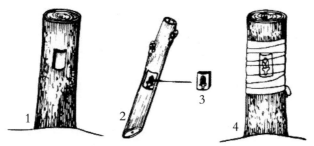

1.切砧木；2.切接穗；3.芽片；4.绑缚

图4-7　方块形芽接

另外，多数地区使用双刃芽接刀，速度快，效果好（见图4-8）。

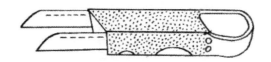

图4-8　双刃芽接刀

（2）丁字形芽接。先将芽片切成盾形，长3～5厘米，上宽1.5厘米。砧木以1～2年生为宜。在距地面10～20厘米处选光滑部位切一丁字形口，横向比接芽略宽，深达木质部，长度与芽片相当，切开后用刀挑开皮层，将接芽迅速插入，使芽、砧紧密相贴，上切口要对齐，然后自上而下用塑料条绑严（见图4-9）。

（3）工字形芽接。将接芽上下各环切一刀，深达木质部，长3～4厘米，宽1.5～2.5厘米，再从接穗背面取下0.3～0.5厘米宽的树皮作为"尺子"（用双刃芽接刀时就不用量），在砧木适当部位量取同样长度，上下各切一刀，宽度达树干周长的2/3左右，从中间竖着撕去0.3～0.5厘米宽的皮，然后削开两边的皮层，将芽片四周剥离（仅剩维管束相连），用拇指按住接芽侧向推下芽片（带一块护芽肉），将芽片嵌入砧木切口中，用塑料条自上而下包扎严密（见图4-10）。

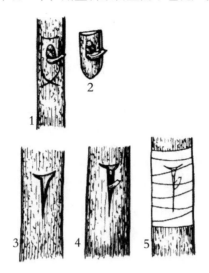

1.切接芽；2.芽片；3.砧木丁字形切口；4.插入接芽；5.绑缚

图4-9　丁字形芽接

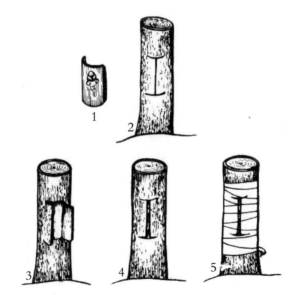

1.取下芽片；2.砧木切口；3.打开砧皮；4.镶入芽片；5.绑缚

图4-10　工字形芽接

五、嫁接苗管理

从嫁接到萌芽抽枝需30～40天时间，为保证嫁接苗健壮生长，应加强如下管理：

1.谨防碰撞。刚接好的苗木接口不甚牢固，应禁止人畜进入，田间劳作时注意勿碰伤苗木。

2.除萌。砧木上易萌发大量幼芽，应及时抹掉。除萌宜早不宜晚，以减少不必要的养分消耗。

3.剪砧及复绑。一般芽接后在接芽以上留1～3片复叶剪砧，如果嫁接后有降雨和高温，可暂不剪砧，接后5～7天可剪留2～3片复叶，至接芽新梢长到10厘米左右时，再从接芽以上2厘米处剪除。

4.解除绑缚物。室外枝接的苗木，因砧木未经移栽，生长量较大，可在新梢长到30厘米以上时及时解除绑缚物。室内枝接和芽接苗木生长量较小，绝大部分可在建园栽植时解绑，以防起苗和运输过程中接口劈裂。

5.绑支柱防风折。可在新梢长到20厘米时，在旁插一木棍，用绳将新梢和支棍按"∞"形绑结，起固定新梢和防止风折的作用。

6.加强肥水管理和病虫害防治。核桃嫁接之后2周内禁忌灌水施肥，当新梢长到10厘米以上时应及时追肥浇水，也可将追肥、灌水与松土除草结合起来进行。为使苗木充实健壮，秋季应适当控制浇水和施氮肥，适当增加磷、钾肥。8月中旬摘心，可增强木质化程度。此外，苗木在新梢生长期易遭食叶害虫为害，要及时检查，注意防治。

六、影响嫁接成活的主要因素

影响核桃嫁接成活的因素很多，而且比较复杂，主要原因：

1.砧、穗的质量对嫁接成活的影响。生产中应注意砧、穗双方尤其是接穗的质量。嫁接用砧木以2～4年生、生育健壮、无病虫害的实生苗为好。接穗的质量可根据其粗细、充实程度和保鲜状况等指标来综合衡量，其中接穗的含水量至关重要。一般来说，同一株采穗母树上，以春季生长的接穗充实健壮，木质化程度高，髓心小，嫁接成活率高。秋季生长的接穗一般不能使用。

2.砧、穗亲和力对嫁接成活的影响。嫁接亲和力是砧木和接穗双方能够正常连接并形成新的植株的能力。它是确定优良接穗、砧木组合的基本依据。

3.伤流液对嫁接成活的影响。核桃枝干受伤后易出现伤流液，尤其在休眠期表现极为明显，它是影响嫁接成活的重要因子。避免或减少伤流液的方法有断根、砍树干、锯树干放水、提前剪砧等。

4.温度和湿度对嫁接成活的影响。核桃愈伤组织的形成需要有一定的温度保证，其适宜温度范围为25～30℃，低于15℃时，愈伤组织不能形成；超过35℃时，抑制愈伤组织的形成。湿度是愈伤组织形成的另一个主要条件，尤其是接口周围的湿度更为重要。湿度过低会造成接穗失水干枯，过高则通气不良，易窒息而死。

5.嫁接方法对嫁接成活的影响。嫁接方法对成活率有明显的影响，一般来说，无论枝接还是芽接，凡是砧穗接触面积大的嫁接方法，其成活率均较高。

第三节 苗木出圃、包装和运输

一、苗木出圃与分级

我国北方核桃幼苗，圃内越冬"抽条"现象严重，因此，宜在秋季落叶之后出圃假值，春季再栽。留床苗要采取防止"抽条"的措施。对于较大的苗木或"抽条"轻微的地区，可在春季解冻之后，芽萌动之前起苗，随掘随栽。

核桃是深根性树种，起苗时根系容易损伤，且受伤之后愈合能力差，因此，起苗时根系的质量对栽植成活率影响很大，要求在起苗前1周要灌一次透水，使苗木吸足水分，而且便于掘苗。起苗方法有人工和机械起苗两种。机械起苗用拖拉机牵引起苗犁进行。在起苗过程中，根未切断时，不要用手硬拔，以防劈裂。掘出的苗木不能马上运走的必须临时假值。避免在大风或下雨天起苗。

苗木掘出后，要对地上部和根系进行适当修剪，地上部分修剪要与整形相结合；地下部分主根受伤处要剪平，侧根过长应短截。同时剪除所有劈裂、折伤和病虫害根，剪口要平，有利于刺激新根的形成，以便形成发达的根群。

苗木起运前要进行分级。苗木分级要严执行《主要造林树种苗木质量分级》（GB 6000或DB 61/T 378）。

二、苗木包装和运输

根据苗木运输的要求，嫁接苗每25或50株打成一捆，不同品种苗木要按品种分别包装打捆，然后装入湿蒲包内，喷上水。填写标签，挂在包装外面明显处，标签上要注明品种、等级、苗龄、数量、起苗日期等。

苗木外运最好在晚秋或早春气温较低时进行。外运的苗木要履行检疫手段。长途运输时要加盖篷布，途中要及时喷水，防止苗木干燥、发热、发霉和冻害。

到达目的地之后，立即将捆打开进行假植。

　　起苗后不能立即外运或栽植时，都必须进行假植。根据假植时间长短分为：临时假植（短期假植）和越冬假植（长期假植）。临时假植时间短，一般不超过10天，只要用湿土埋严根系即可，干燥时及时洒水。越冬假植时间长，必须按操作规程细致进行。可选择地势较高、排水良好、交通方便、不易受人畜危害的地方挖假植沟。沟的方向应与主风向垂直，沟深1米，宽1.5米，长度依苗木数量而定。

　　假植时，在沟的一头先垫一些松土，苗木斜放成排，呈30~45度角，埋土露梢。然后再放第二排苗，依次排放，使各排苗呈覆瓦排列。当假植沟内土壤干燥时应及时洒水，假植完毕后，埋住苗顶。土壤结冻前，将土层加厚到30~40厘米，春天转暖以后及时检查，以防霉烂。

第五章 核桃建园

第一节 园地的选择

核桃是多年生深根性喜光树种，土壤和气候条件对核桃的生长发育具有重要影响。园地的选择，直接关系到核桃生产成败及其经济效益高低。为了达到早果、优质、丰产和高效益的目的，在选择建园地点时，必须以品种的区域化和适地适树为原则，从气候、地势、土壤、交通等方面，对建园地点进行综合的评价和选择。

一般园地的选择应考虑以下条件：

1.建园地点的自然条件。应符合所计划发展核桃品种对自然环境条件的要求。从地理分布来看，北纬30～40度为核桃适宜的栽培区域。就垂直分布而言，海拔700～1300米的地区核桃生长结果良好。适宜核桃生长的年平均气温为9～16℃；绝对最低气温为−25～−2℃，无霜期在180天以上，年降水量500～1200毫米。而且，要求栽植地点早春无大风、无严重的晚霜和冻花现象。

2.栽植地点的要求。背风向阳的缓坡丘陵地（坡度<25度）、平地或排水良好的沟坪地。要求排水良好，土壤厚度1米以上，地下水位在地表2米以下。土壤质地以保水、透气良好，pH值为7.0～7.5的壤土和沙壤土较为适宜。土壤黏重、土层过薄或地下水位较高，都不利于核桃根系和地上部的生长发育。

3.要注意前茬树种的栽植情况。避免在柳树、杨树、核桃树生长过的土壤上栽植核桃，以防止根腐病的发生。

4.栽植地点对排灌水的要求。栽植地点最好有水源并设置排灌系统，达到干旱时能够及时灌水，遇涝时能够及时排水。

5.建园时还应避开工业污水、废气等的影响。

一般情况下，在土层较厚的丘陵地和山麓地带可大面积发展核桃；低位山带和中位山带如果坡度较小，土层厚度在1米以上，也可少量发展核桃；高位山带则不宜发展核桃。

第二节　建园准备

一、土壤准备

核桃具有强大的垂直根和分布较广的水平根，要求土层深厚、肥沃而湿润的土壤。因此，在核桃建园栽植前，不论山地、坡地、沙地或盐碱地，为满足核桃生长发育的需要，须提前将土壤准备好。土壤准备主要包括平整土地、修筑梯田及水土保持工程的建设等。在此基础上还要进行定点挖坑、深翻熟化改良土壤、增加有机质等各项工作。

在平整土地、修筑梯田、建好水土保持工程的基础上，按预定的栽植设计，测量出核桃的栽植点，并按点挖栽植穴。栽植穴或栽植沟，应于栽植前一年的秋季挖好，使心土有一定熟化的时间。栽植穴的深度和直径为0.8～1米。密植核桃园可挖栽植沟，沟深与沟宽为0.8～1米。无论穴植或沟植，都应将表土与心土分开堆放。定植穴挖好后，将表土、有机肥和化肥混合后进行回填。每定植穴施优质农家肥30～50千克，磷肥3～5千克。大坑有利于根系和树体的生长发育，故在条件较好地区应挖大坑栽植。

二、肥料准备

肥料供应是核桃生长发育过程中不可缺少的措施，特别是有机肥所含的营养比较全面，不仅含核桃生长所需的营养元素，而且含有多种有机活性物质。在苗木栽植前，应将大量优质有机肥运到果园，须做好肥料的准备，可按每株50～100千克或每公顷30～60吨的数量，分别堆放。同时，按每株3～5千克准备好所需的磷肥。如果所用的底肥以秸秆为主，还应混入适量的氮肥，以促进秸秆分解。有条件的地方可用核桃专用肥。

三、苗木准备

苗木质量和品种直接关系到建园的成败。采用优良苗木，应于栽植前进行品种核对、登记、挂牌，发现差错应及时纠正，以免造成品种混杂和栽植混乱，还应对苗木进行质量检查和分级。合格的苗木应根系完好、健壮、枝粗节间短、芽子饱满、皮色光亮、无检疫病虫害，并达到国家标准。对不合格、质量差的弱苗、病苗、畸形苗应严格剔除或淘汰；也可经过再培育，达到优质苗木标准后再定植。经长途运输的苗木，因失水较多，应立即解包浸根一昼夜，待苗木充分吸水后再行栽植或假植。亦可用ABT生根粉溶液浸泡3小时后再行栽植，这样会大大提高栽植成活率。

第三节 核桃栽植

一、栽植时间

核桃栽植时期主要分为春栽和秋栽。不同地区，可根据当地具体的气候和土壤条件而定。我国北方一般冬季严寒多风，由于冻土层较深，秋栽易于受冻或"抽条"，以春栽为宜。春栽时间在解冻后越早越好，否则墒情不良对缓苗不利。由于北方地区多表现为春季干旱，应特别注意灌水和栽后管理。

二、栽植密度

栽植密度应根据立地条件、栽培品种和管理水平而定，但总目标应使单位面积上能够获得较高的产量和经济效益。不同品种，早实品种结果早，产量较高，树冠较小；晚实品种结果较晚，产量相对较低，树冠大。因此，用早实品种建园时，其栽植密度应大于晚实品种。通常，晚实核桃的株行距可采用6米×8米或8米×9米；早实核桃的株行距可采用3米×5米或5米×6米。就不同地势、土壤和气候条件而言，在地势平坦、土层深厚、肥力较高土壤上建园，核桃的长势强，生长量大，易于形成大树冠，株行距应大些；在土壤和气候环境条件较差的土壤上建园，易于形成小树冠，株行距应小些。对于栽植于田埂、地边、堤堰和以种粮食为主，实行果粮间作者，株行距可以灵活掌握。其株距一般为8~10米，行距视地块的宽窄而定，一般为20~30米。山地梯田栽植核桃，多为一个台面栽一行，台面宽度大于10米时，可栽植2行；株距为5~8米不等。

核桃也可进行计划密植，要点：栽植之前做好设计，预定永久株与临时株。果园管理过程中，两类植株要区别对待。在保证永久株的正常生长发育的同时，对临时株的生长进行控制，使其早结果。在早实核桃上进行计划密植时，可采用

3米×3米、3米×5米或4米×4米的株行距。当树冠交接郁闭、光照不良时，可进行隔行或隔株间伐或移栽，变成6米×6米、5米×6米或8米×8米的株行距。这样可以早期获得较高的产量，但必须配合有效的整形修剪和栽培措施。

三、品种和授粉

一般建园时应根据核桃品种的雌雄花期选择3～4个主栽品种（可参照表5-1）。如果地埂边50米范围内有实生大树，可适当保留2～3株，建园时可以不考虑授粉问题，因为实生树树大花多，上下差异大，雄花散粉期较长，一般可保证授粉需要。

表5-1 核桃主栽品种与授粉品种

主栽品种	授粉品种
晋龙1号、晋龙2号、晋薄2号、西扶1号、香玲、西林3号	京试6号、扎343、鲁光、中林5号
京试6号、鲁光、中林3号、中林5号、扎343	晋丰、薄壳香、薄丰、晋薄2号
薄壳香、晋丰、辽核1号、新早丰、温185、薄丰西洛1号、西洛2号	温185、扎343、京试6号
中林1号	辽核1号、中林3号、辽核4号

四、栽植方法及注意事项

核桃苗木栽植以前，应先剪除伤根、烂根，然后最好放在水里浸泡半天，或根系蘸泥浆，使根系充分吸水，这样才能保证成活和旺盛生长。栽植坑最好是1米深、1米宽、1米长。在1米深的坑内应尽量多填入腐烂的烂草和土粪，有条件可放些磷肥和氮肥，等放到70厘米高时，放一层表土，再放入苗木，用表土或心土埋盖，当填土和地面平时踩实后提苗，再浇水。等水渗完后，土层皮干时，用锄松土即可。有条件的地方，可用1～2平方米的地膜或草帘覆盖保墒。

苗木栽植深度应以苗木土痕处与地面平齐最好。

第四节　栽后管理

一、施肥灌水

栽植后必须灌一次透水，两周应再灌一次透水，可提高栽植成活率。水源不足的地区，栽植并灌水后，立即用秸秆或地膜等覆盖树盘，以减少土壤蒸发。在春夏两季，结合灌水，可追施适量化肥，前期以追施氮肥为主，后期以磷、钾肥为主，也可进行叶面喷肥。

二、幼树防寒

我国华北和西北地区冬季气温较低，栽后2～3年的核桃幼树，经常发生"抽条"现象，而且地理纬度越靠北，"抽条"越严重。发生"抽条"的主要原因是树体越冬准备不足，冬季气温较低，土壤水分冻结，核桃根系吸收水分困难，而早春气温回升较快，空气干燥多风，枝条水分蒸腾量大，导致树体地上部水分收支不平衡，发生生理干旱而"抽条"。"抽条"现象多发生在2～3月。

防止核桃幼树"抽条"的根本措施：提高树体自身的抗冻性和抗"抽条"能力。按照前促后控的原则，注意加强肥水管理，7月以前以施氮肥为主；7月以后以磷肥为主，并适当控制灌水。为有效控制枝条旺长，增加树体的贮藏营养和抗性，可在8月中旬以后对正在生长的新梢进行多次摘心并控制开张角度等措施，在9月上中旬，喷2次0.3%～0.5%的磷酸二氢钾。11月上旬灌一次透水，可有效提高土壤的含水量，减少"抽条"的发生。此外，在9月下旬至10月中旬，及时防止大青叶蝉在枝干的产卵危害。

对树体进行越冬保护也是防止幼树"抽条"的有效措施。对于1～2年生的幼树，最安全的方法是在土壤结冻前，将苗木弯倒全部埋入土中，覆土厚30～40厘米。第二年萌芽前再把幼树扒出扶直。不易弯倒的幼树，可采用地膜严密包扎，减少核桃枝条水分的损失，但地膜外最好用报纸遮阳，避免在冬季大中午时强光照射引起的"温室效应"灼伤树体。也可通过营造防护林、树干涂白、树干绑秸秆、在树干西北侧50厘米处培高60厘米长120厘米的月牙埂或树下盖地膜的方法，改善树体周围和根际小气候，促进根系活动，避免"抽条"发生。

三、检查成活情况及补植苗木

春季萌芽展叶后，应及时检查苗木的成活情况，对未成活的植株，应及时拔除并补植同一品种的苗木。

四、幼树定干和其他管理

栽植已成活的幼树，如果当年长到1米以上，要按整形及时进行定干。确定定干高度时，要同时照顾到品种特性、栽培方式、土壤和环境等条件。早实核桃的树冠较小，定干高度以1.0～1.2米为宜；晚实核桃的树冠较大，定干高度一般为1.2～1.5米；有间作物时，定干高度为1.5～2.0米。栽植于山地或坡地的晚实核桃，由于土层较薄，肥力较差，定干高度可在1.0～1.2米。为了促进幼树的生长发育，应及时进行松土除草或用除草剂进行除草。

第六章　高接换优

一、选择高接砧木

选择核桃高接砧木应注意两个问题，一是高接砧木的年龄及生长情况；二是高接砧木的立地条件状况。

进行高接换优的砧木，一般应选择5～20年生，干高2米以下，产量低，品质差，但生长旺盛的核桃树。30年生左右的树，可在更新（即截干）后的第三年再进行改接，因树体过高，改接操作和接后管理都十分不便，影响嫁接成活率。年龄过大的核桃树，高接对树冠破坏大，影响产量，且高接难度大，成活率低，不宜进行。

砧木立地条件的好坏，直接关系到高接树的生长、结果情况。砧木的立地条件好，高接后，高接树生长健壮，树冠恢复迅速，产量提高快，盛果期长。生长在土壤瘠薄的山坡中上部的核桃树及生长在胶泥死板土上的核桃树，生长前途不大，不宜高接。

二、如何控制伤流

伤流是影响核桃嫁接成活率高低的关键因素之一。由于核桃树体受伤后出现伤流，伤流中单宁含量较多，对伤口愈伤组织形成不利。同时，伤流也会积累于接口，使砧木、接穗双方物质交换和生理活动（如呼吸作用等）受阻，遏制双方愈伤组织细胞的分裂，直接影响嫁接成活率。

嫁接时为防止伤流从接口溢出，需在高接的主枝（分枝部分3～5厘米处）和主干下端（离地面20厘米以上处）锯2～3个锯口，叫作放水口，以控制伤流。锯口的深度为主干或主枝直径的1/4～1/5，锯口要上下错开。伤流的变化（有、无）受立地条件、气温和树体本身的特性等因素的影响（在相同立地条件下有的树株有伤流，有的就没有；有的伤流比较多，有的则较少），有时在嫁接时砧木并无伤流，但由于气温变化（寒流、低温、降水）等因素又能使伤流溢出。因此，高接时锯好砧木接口后，一定要在砧木的主干或主枝上锯好放水口，使伤流从锯口处流出。

三、嫁接方法

目前我国核桃高接，以枝接为主。

四、接后管理

高接后的管理工作极为重要，应严格按照操作规程做好。

1. 设专人看管。高接后，严防提前解包造成失败。

2. 防止伤流。虽然嫁接前已进行了伤流处理，但往往有的解包仍有伤流出现，应及时对有伤流的解包放水。

3. 放风。接后25～30天，接穗开始发芽、抽枝、展叶，这时要经常检查塑料袋、纸袋等包扎物，待复叶出现后即可将塑料袋和纸袋的上端打开一个小口，让嫩梢尖端伸出。放风的时间要掌握好，过早，伤口愈合不牢固，接穗易风干；过迟，则易灼伤嫩芽。放风时塑料袋和纸袋口不能一次打开过大，应由小到大，直至把上部全部打开。目前有专用接膜，不用放风，新梢可自己出膜，此法效果好，可积极推广。

4. 除萌。嫁接成活后，对砧木上萌发的大量萌芽，要及时除去，以免影响接穗的生长。但应注意，如未嫁接成活，砧木上的芽子千万不能除完，要适当保留一部分，以便恢复树冠，否则将导致砧木死亡。未接活的砧木可于当年夏季采用芽接法补接，或隔年（第三年）再高接。如继续高接，仍然未活时，砧木极易死亡。

5. 防风折。当新梢长到30厘米左右时，要及时在接口处绑缚长1.5米左右的支柱，将新梢轻轻绑缚在支柱上以防风折，随着新梢的加长要绑缚2～3次。

6. 松绑。接后2～3个月（6月至7月上旬），要将接口处的捆绑材料更换一次，否则，影响接口的加粗生长。8月上旬根据伤口愈合情况确定是否去掉捆绑材料，北方秋季风多不建议去掉捆绑材料。待叶落后或来年春季发芽时全部去掉捆绑材料。

7. 加强肥水管理。嫁接后1～3年内，树势生长较旺，产量上升快，只有加强肥水管理，才能保证高接树的正常发育。高接树下能间种农作物的尽量实行间作，间作时要留有一定面积的树盘，除草、松土时，树盘附近也应进行，但注意不要伤树干，以保持树下土壤疏松。在正常情况下，落叶前施一次厩肥，施肥量以树冠垂直投影面积计算，每平方米施厩肥4~5千克。果实膨大期（5月中旬）追施一次化肥，每平方米垂直投影面积可施氮、磷、钾复合肥80~100克。施肥后应灌水，无灌水条件的地方应在雨前抢施肥料。

第七章 树体管理

第一节 早实核桃树形和修剪

一、早实核桃整形

早实核桃由于侧花芽结果能力强，侧芽萌芽率高，成枝率低，常采用无主干的自然开心形，但在稀植条件下也可以培养成具主干的疏散分层形或自然圆头形。

1.自然开心形（无主干形）：一般有2～4个主枝。干高0.8～1.2米左右。各主枝基部的垂直距离一般20～40厘米，主枝可一次或两次选留，且相邻主枝间的水平角（或夹角）应一致或很相近，且长势要一致。主枝选留一级侧枝，每主枝可留3个左右，侧枝间上下左右要错开，保证分布均匀。第一侧枝距主干基部的距离为0.6米左右。在一级侧枝上有二级侧枝。第一主枝一级侧枝上的二级侧枝数为1～2个，第二主枝上的侧枝间距为0.8米左右。开心形树形各主枝间要达到平衡（见图7-1）。其特点是成形快，结果早，整形容易，便于掌握。

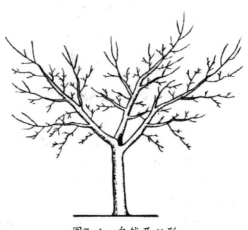

图7-1　自然开心形

（1）定干。树干的高低与树高、栽培管理方式以及间作等关系密切，应根据该核桃的品种特点、栽培条件及方式等因地因树而定。早实核桃由于结果早，树体较小，干高可矮小，拟进行短期间作的核桃园，干高可留1.0~1.5米，密植丰产园干高可定为0.8~1米。

早实核桃在正常情况下，2年生开始分枝并开花结实，每年高生长可达0.6~1.2米。其定干方法可在定植当年发芽后，定干高度以下留3~4个侧芽，其余全部抹除。若幼树生长未达定干高度，翌年再行定干。遇有顶芽坏死时，可选留靠近顶芽的健壮侧芽，使之向上生长，待达到定干高度以上时再行定干。

（2）培养树形。一般有2~4个主枝，按不同方位选留。

第一步：2~3年生时，在定干高度以下留出3~4个芽的整形带。在整形带内，按不同方位选留主枝。主枝可一次选留，也可分两次选定。选留各主枝的水平距离应一致或相近，并保持每个主枝的长势均衡。

第二步：3~4年生时，各主枝选定后，开始选留一级侧枝。由于开心形树形主枝少，侧枝应适当多留，即每个主枝应留侧枝3个左右。各主枝上的侧枝要上下错落，均匀分布。第一侧枝距主干的距离为：晚实核桃0.8~1.0米；早实核桃0.6米左右。

第三步：4~5年生时，开始在第一主枝一级侧枝上选留二级侧枝1~2个；第二主枝的一级侧枝2~3个。第二主枝上的侧枝与第一主枝上的侧枝的间距为：晚实核桃1.0~1.5米；早实核桃0.8米左右。至此，开心形的树冠骨架基本形成。

2.疏散分层形或自然圆头形：在稀植条件下早实核桃也可以培养成具主干的疏散分层形或自然圆头形。其定干、树形培养和修剪，基本与晚实核桃的疏散分层形或自然圆头形相同。

二、早实核桃修剪

核桃树的修剪是在整形的基础上，继续培养和维持丰产树形的重要措施。

修剪内容和方法：

早实核桃在2年生开始结果，分枝力强（2年生单株平均分枝7个，最多达18个），抽生二次枝（2年生单株平均抽生二次枝1.5个，最多8个）能力强，且能萌发徒长枝（结果枝自然干枯后，容易从基部萌发徒长枝）等。这些都是区别于晚实核桃的重要特性。因此，在修剪内容上除培养好主、侧枝以外，还应注意控制二次枝和利用好徒长枝，疏除过密枝，处理好背下枝。

控制二次枝。早实核桃在幼龄阶段抽生二次枝是比较普遍的现象。由于枝条抽生较晚，生长旺，组织不充实，在北方冬季容易失水而造成"抽条"。如果任其生长，虽能增加分枝、提高产量，但却容易促使结果部位迅速外移，常使结果母枝后部形成较长的光秃带，干扰良好的树形的形成。因此，对二次枝的控制，要着眼于克服其不利的一面，利用其有利的一面。根据各地多年的经验，控制方法主要有：第一，剪除二次枝，以避免由于二次枝的旺盛生长而过早郁闭。方法是在二次枝抽生后未木质化之前，将无用的二次枝从基部剪除，剪除对象主要是生长过旺造成树冠出"辫子"的二次枝。第二，疏除多余的二次枝，凡在一个结果枝上，抽生3个以上的二次枝，可在早期选留1～2个健壮枝，其余全部疏除。第三，在夏季，对于选留的二次枝，如果生长过旺，为了促进其木质化，控制其向外延伸，可进行摘心。第四，对于一个结果枝只抽生一个二次枝，而且长势很强，为了控制其旺长，增加分枝，进而培养成结果枝组，可于春季或夏季对二次枝进行短截，夏季短截分枝效果良好（春季短截发枝粗壮），其短截强度以中、轻度为好。

利用徒长枝。早实核桃由于结果早，分枝多，果枝率高，二次枝易形成结果母枝，而且开花量大，坐果率高，造成养分的过度消耗，常使新枝条不能形成混合芽或营养芽在第二年不能发枝而干枯，从而刺激基部的隐芽萌发而形成徒长枝，这是早实核桃幼树常见的现象。但是，早实核桃徒长枝的突出特点是第二年都能抽枝结果，其数量一般为5～10个，最多可达30多个。这些结果枝的长势，由顶部至基部逐渐变弱，枝条也变短，最短的几乎看不到枝条，芽片开裂后只能看到雌花。第三年中下部的小枝多数干枯死亡，出现光秃带，结果部位向顶部推移，容易造成枝条下垂。为了克服这种弊端，利用徒长枝粗壮、结果早的特点，通过夏季摘心、短截和春季短截等方法，将其培养成结果枝组，以充实树冠空间，更新衰弱的结果枝组。

疏除过密枝。早实核桃分枝早，枝量大，容易造成树冠内部的枝条密度过大，不利于通风透光。因此，要本着去弱留强的原则，随时疏除过密的枝条。疏枝时，应紧贴枝条基部剪除，切不可留橛，以利于剪口的愈合。

处理好背下枝。此类枝条多着生在母枝先端背下，春季萌发早，生长旺盛，竞争力强，容易使原枝头变弱而形成"倒拉"现象，甚至造成原枝头枯死。处理的方法一般是在萌芽后或枝条伸长初期剪除。如果原母枝变弱或分枝角度较小，可利用背下枝上的背上枝或斜上枝代替原枝头，将原枝头剪除或培养成结果枝组。

第二节 晚实核桃树形和修剪

一、晚实核桃整形

晚实核桃由于侧花芽结果能力差，侧芽萌芽率低，成枝率高，常采用具主干的疏散分层形或自然圆头形，但在个别立地条件较差的地方，也可以培养成无主干的自然开心形。

1.疏散分层形（有主干形）：一般干高80厘米至3米，有6～7个主枝，分2～3层配置。其特点是成形后树冠呈半圆形，通风透光良好，寿命长，产量高，负载量大，适于生长在条件较好的地方和干性强的稀植树。主干上有3个不同方位（水平夹角约120度）和生长健壮的枝条形成主枝。第一层主枝，枝基角不小于60度，层内两主枝间的距离不小于20厘米。第二层主枝，一般有2～3个，开始在第一层主枝上合适位置有侧枝，第一侧枝距主枝基部的距离为60～80厘米。一级侧枝的数量为1～2个，部位是主枝两侧向斜上方生长的枝条。各主枝间的侧枝方向要互相错开，避免重叠和交叉。如果只留两层主枝，则第一与第二层间的间距要加大，一般在2米左右。第二层主枝的数量为2～3个，同时继续培养第一层主、侧枝和选留第二层主枝上的侧枝。在核桃7～8年生时，除继续培养各层主枝上的各级侧枝外，开始选留第三层主枝1～2个，第三层与第二层的间距为2米左右，并从最上一个主枝的上方落头开心（见图7-2）。

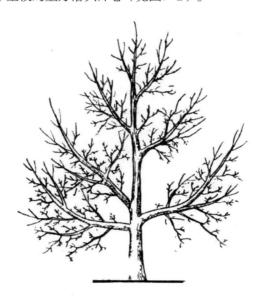

图7-2 疏散分层形

153

（1）定干。晚实核桃结果晚、树体高大，主干应留得高一些。由于株行距也大，可长期进行间作。为了便于作业，干高可留2.0厘米以上；如考虑到果材兼用，提高干材的利用率，干高可达3.0厘米以上。

（2）树形培养一般有6～7个主枝，分2～3层配置。

第一步：定植当年或第二年，在中央领导干枝下高以上，选留3个不同方位（水平夹角约120度）、生长健壮的枝或已萌发的壮芽，培养为第一层主枝，层内距离不少于20厘米。一年一次完成或分两年选定均可。但要注意如果选留的最上一个主枝距主干延长枝顶部过近或第一层主枝的层内距过小，都容易削弱中央领导干的生长，甚至出现"掐脖"现象，影响主干的形成。当第一层预选为主枝的枝或芽确定后，除保留中央领导干延长枝的顶枝或芽以外，其余枝、芽全部剪除或抹掉。

第二步：选留侧枝。第一个侧枝距主枝基部的长度，晚实核桃60～80厘米，早实核桃40～50厘米。选留主枝两侧向斜上方生长的枝条1～2个作为一级侧枝，各主枝间的侧枝方向要互相错落，避免交叉、重叠。

如果只留两层主枝，则第二层与第一层主枝间的层间距要加大。

第三步：培养第一层主、侧枝和选留第二层主枝上的侧枝。由于第二层与第三层的层间距要求大一些，可延迟选留第三层主枝。

如果只留两层主枝，第二层主枝为2～3个，则两层主枝的层间距，晚实核桃要在2米左右，早实核桃1.5米左右，并从最上一个主枝的上方落头开心。至此，疏散分层形树冠骨架基本形成。

在选留和培养主、侧枝的过程中，对晚实核桃要注意促其增加分枝，以培养结果枝和结果枝组。早实核桃要控制和利用好二次枝，以加速结果枝组的形成并防止结果部位的迅速外移。还要经常注意非目的性枝条对树形成的干扰，及时剪除主干、主枝、侧枝上的萌蘖、过密枝、重叠枝、细弱枝、病虫枝等。

2.自然开心形：在个别立地条件较差的地方，也可以培养成无主干的自然开心形。具体定干、树形培养和修剪同早实核桃。

二、晚实核桃修剪

晚实核桃的生长发育主要是3～4年生才开始少量分枝，8～10年开花结果。将早实核桃与晚实核桃比较，发现其分枝情况区别很大。4年生晚实核桃的分枝数是早实核桃的1/3，7年生只有1/6。因此，晚实核桃幼树修剪，除培养好树形外，还应该通过修剪，达到促进分枝、提早结果的目的。其修剪内容如下。

短截发育枝。晚实核桃在未开花结果之前，抽生的枝条均为发育枝，发育枝短截是增加分枝的有效方法。短截的对象主要是从一级和二级侧枝上抽生的生长旺盛的发育枝。在一株树上短截枝的数量不宜过多，平均为总枝量的1/3为宜。而且短截枝在树冠内的分布要均匀。短截的长度，可根据发育枝的长短分别进行中度和轻度短截，枝条较长时可进行中度短截（相当于枝条长度1/3～1/4）；枝条较短时进行轻度短截（相当于枝条长度1/3～1/4）。

剪除背下枝。晚实核桃的背下枝，其生长势比早实核桃更强。为了保证主、侧枝原枝头的正常生长和促进其他枝条的发育，避免养分的大量消耗，在背下枝抽生的初期，即可从基部剪除。

关于核桃树在休眠期修剪有"伤流"现象，为了避免伤流损失树体营养，核桃树的修剪一般在春季发芽后或秋季落叶前无伤流期进行。根据实验数据，休眠期修剪核桃树的伤流对生长和开花结果的影响因地形、地势、坡向和树势不同差异较大。

在稀植条件下，整形修剪主要考虑个体的发展，使树体充分利用空间，达到树冠大、骨干枝结构合理、枝量多、层次分明、势力均衡。在密植时，则主要考虑群体的发展，注意调节群体叶幕结构及群体与个体间的矛盾，做到短枝多、长枝少，树冠应矮，叶幕应厚。在生产实际中，应根据品种特点、栽植密度及管理水平等来确定合适的树形，总的原则是不必过分强调一定要整成什么样的树形，要做到"因树修剪，随枝选形，有形不死，无形不乱"。

第三节　高接树树形和修剪

高接树的整形修剪是促进其尽快恢复树势、提高产量的重要措施。高接树由于截去了头或大枝，当年就能抽生3～6个生长量均超过60厘米的大枝，有的枝长近2米，如不加以合理修剪，就会使枝条上的大量侧芽萌发，早实核桃易形成大量果枝，结果后下部枝条枯死，难以形成延长枝，使树冠形成缓慢，不能尽快恢复树势、提高产量。

高接树当年抽生的枝条，在秋末落叶前或翌年春发芽前，对选留作骨干枝的枝条（主枝、侧枝），可在枝条的中上部饱满芽处短截（选留长度以不超过

60厘米为宜），以减少果枝数量，促进剪口下第一、第二个芽抽枝生长。这样经过2～3年，利用砧木庞大的根系能促使枝条旺盛生长的特点，根据高接部位和嫁接头数，将高接树培养成有中央领导干的疏散分层形或开心形树形。一般单头高接的四旁树，宜培养成疏散分层形；田间多头高接和单头高接部位较高的核桃树，宜培养成开心形。

高接树要及时进行短截，不实行短截，使一些早实品种第二年就开花结果，结果过早，影响了树冠的恢复，造成树体衰弱，甚至使个别植株死亡，达不到高接换优的目的。因此，高接后的核桃树要进行修剪。对翌年结果的核桃树也一定要进行疏果，以促进其尽快恢复树势，为以后高产打下基础。

第四节　核桃疏雄

过多的雄花不仅消耗了营养，更重要的是使雌花受粉过量受到刺激而导致脱落，影响了产量。

疏雄时期原则上以早疏为宜，一般以雄花芽未萌动前的20天内进行为好，到雄花芽伸长期则疏雄效果不明显。疏雄量以90%～95%为宜，使雌花序与雄花数之比达1：30～1：60，但对栽植分散和雄花芽较少的树可适当少疏或不疏。具体疏雄方法是，用长1～1.5米带钩木杆，拉下枝条，人工掰除即可。也可结合修剪进行。疏雄对核桃树的增产效果十分明显。疏雄可提高坐果率15%～22%，产量增加12.8%～37.5%。

第五节　疏除幼果

由于早实核桃以侧花芽结实为主，雌花量较大，到盛果期后，为保证树体营养生长和生殖生长的相对平衡，保持高产稳产水平，疏除过多的幼果也是非常必要的。疏果的时间可在生理落果期以后，一般在雌花受精后的20～30天，即当子房发育到1～1.5厘米时进行为宜。幼果疏除量应依树势状况及栽培条件而定，一般以每平方米树冠投影面积保留60～100个果实为宜。疏除方法是，先疏除弱树或细弱枝上的幼果，如必要的话，最好连同弱枝一同剪掉。每个花序有10个以上幼果时，视结果枝的强弱保留2～3个。注意坐果部位在冠内要分布均匀，郁密内膛可多疏。应特别注意，疏果仅限于坐果率高的早实核桃品种，尤其是因树弱而多挂果的树。此外，于5月中下旬对壮树上生长旺而结果少的基部秃裸辅养枝和主干进行环剥，宽度不超过0.6厘米，可缓和树势，提高坐果率并促使剥口下萌发新枝。在陕西商洛山区对不结果壮树有"砍一镰，结得繁，砍一斧，压断股"之说，就是这个道理。

第八章　病虫害综合防治

在病虫害的防治上，应全面贯彻"预防为主、综合防治"的方针。要以改善园地生态环境、加强管理为基础，提高树体抗病虫能力，优先选用农业和生态调控措施，注意保护和利用天敌，充分发挥天然的自然控制作用。多采用农业技术措施和人工、物理方法防治，相互配合，取长补短。

第一节　主要虫害防治

一、核桃举肢蛾

核桃举肢蛾俗称核桃黑。在华北、西北、西南、中南等核桃产区均有发生，尤其是太行山、燕山、秦巴山及伏牛山区发生更为普遍。在土壤潮湿、杂草丛生的荒山沟洼处尤为严重。主要危害果实，果实受害率达70%～80%，甚至高达100%，是降低核桃产量和品质的主要害虫。

1.危害症状：幼虫在青果皮内蛀食多条隧道，并充满虫粪，被害处青皮变黑，危害早者种仁干缩、早落；危害晚者种仁瘦瘪变黑。被害后30天内可在果中剥出幼虫，有时1个果内有十几条幼虫。

2.形态特征：

（1）成虫。为小型黑色蛾子，翅展13～15毫米。翅狭长，翅缘毛长于翅宽。前翅1/3处有椭圆形白斑，2/3处有月牙形或近三角形白斑。后足特长，休息时向上举。腹背每节均有黑白相间的鳞毛。

（2）卵。圆形，长约0.4毫米。初产时呈乳白色，孵化前为红褐色。

（3）幼虫。老熟时体长7～9毫米，头褐色，体淡黄色，每节均有白色刚毛。

（4）蛹。纺锤形，长4～7毫米，黄褐色，蛹外有褐色茧，常黏附草末及细土粒。

3.生活习性：核桃举肢蛾在山东、河北、山西1年发生1代；河南、陕西1年发生1～2代。以老熟幼虫在树冠下1～2厘米深的土中越冬。翌年5月中旬至6月中旬化蛹，成虫发生期在6月上旬至7月上旬，幼虫一般在6月中旬开始为害，7月为害最严重。成虫在相邻两果之间的缝隙处产卵，一处产卵3～4粒。4～5天孵化，幼虫蛀果后有汁液流出，呈水珠状。1个果内有5～7头幼虫，最多达30余头。幼虫在果内危害30～45天，老熟后从果中脱出，落地入土结茧越冬。该虫发生与环境条件有密切关系，随海拔高度与气候条件不同而异。高海拔地区每年发生1代，低海拔地区每年2代。一般多雨年份比干旱年份危害重，荒坡地比间作地危害重，深山的沟顶及阴坡比阳坡及沟口开阔平地危害重。

4.防治方法：

（1）消灭虫源。结冻前彻底消除树冠下部枯枝落叶和杂草，刮掉树干基部老皮，集中烧毁。翻耕树下土壤，可消灭大部分越冬幼虫。在受害幼果脱落前，及时剪、摘深埋，以减少翌年的虫口密度。

（2）生物防治。释放松毛虫赤眼蜂，在6月每667平方米释放赤眼蜂30万头，可控制举肢蛾的危害。

（3）耕翻土壤。采果至土壤结冻前，或翌年早春进行树下耕翻，可将举肢蛾消灭在出土之前，耕翻深度约15厘米，范围要稍大于树冠投影面积。结合耕翻可在树冠下地面上撒施5%辛硫磷粉剂，每667平方米用2千克，施后翻耙使药土混匀。

（4）药剂防治。成虫羽化前，树盘覆土2～4厘米厚，或地面撒药，每667平方米撒杀螟松粉2～3千克，或每株树冠下撒25%西维因粉0.1～0.2千克。幼虫孵化期是药剂防治的重点，主要药剂有25%灭幼脲3号胶悬剂、50%敌百虫乳油1000倍液、48%乐斯本乳油2000倍液、1.8%阿维菌素乳油500倍液喷雾，或间隔喷1次50%杀螟松乳剂1000～1500倍液。

二、核桃小吉丁虫

在各产区危害均较重。

1.危害症状：主要危害枝条，严重地区被害株率达90%以上。以幼虫蛀入2～3年生枝干皮层，或螺旋形串圈危害，故又称串皮虫。枝条受害后常表现枯梢，树冠变小，产量下降。幼树受害严重时，易形成小老树或整株死亡。小吉丁虫是核桃树的主要害虫之一。

2.形态特征：

（1）成虫。体长4～7毫米，黑色，有铜绿色金属光泽，触角锯齿状，头、前胸背板及鞘翅上密布小刻点，鞘翅中部两侧向内凹陷。

（2）卵。椭圆形、扁平，长约1.1毫米，初产乳白色，逐渐变为黑色。

（3）幼虫。体长7～20毫米，扁平，乳白色，头棕褐色，缩于第1胸节，胸部第1节扁平宽大，腹末有1对褐色尾刺。背中有1条褐色纵线。

（4）蛹。为裸蛹，初乳白色，羽化时为黑色，体长6毫米。

3.生活习性：该虫1年发生1代，以幼虫在2～3年生被害枝干中越冬。6月上旬至7月下旬为成虫产卵期，7月下旬至8月下旬为幼虫危害盛期。成虫喜光，树冠外围枝条产卵较多。生长弱、枝叶少、透光好的树受害严重，枝叶紧茂的树受害轻。成虫寿命为12～35天。卵期约10天，幼虫孵化后蛀入皮层危害，随着虫龄的增长，逐渐深入到皮层和木质部间危害，直接破坏输导组织。被害枝条表现出不同程度的黄叶和落叶现象，这样的枝条不能完全越冬，第2年又为黄须球小蠹幼虫提供了良好的营养条件，从而加速了枝条的干枯，在成年树上，幼虫多危害2～3年生枝条，被害率约占72%，当年生枝条被害率约为4%，4年、5年、6年生枝条被害率分别为14%、8%、2%。受害枝条中无害虫越冬，害虫越冬几乎全部在干枯枝条中。

4.防治方法：

（1）消灭虫源。秋季采收后，剪除全部受害枝，集中烧毁，以消灭翌年虫源。剪时注意要多剪一段健康枝以防幼虫被遗漏。

（2）采用饵木诱杀虫。在成虫羽化产卵期，及时设立一些饵木，诱集成虫产卵，再及时烧掉。

（3）生物防治。核桃小吉丁虫有2种寄生蜂，自然寄生率为16%～56%，释放寄生蜂可有效地降低越冬虫口数量。

（4）药剂防治。成虫羽化出洞前用药剂封闭树干。从5月下旬开始每隔15天用90%晶体敌百虫600倍液或48%乐斯本乳油800～1000倍液喷洒主干。在成虫发生期，结合防治举肢蛾等害虫，在树上喷洒80%敌敌畏乳油，或90%晶体敌百虫800～1000倍液，或25%西维因600倍液。

三、草履蚧

又名草鞋蚧。在我国大部分地区都有分布。

1.危害症状：该虫吸食树液，致使树势衰弱，甚至枝条枯死，影响产量。被害枝干上有1层黑霉，受害越重黑霉越多。

2.形态特征：

（1）成虫。雌成虫无翅，体长10毫米，扁平椭圆，灰褐色，形似草鞋。雄成虫体长约6毫米，翅展11毫米左右，体紫红色，触角黑色，丝状。

（2）卵。椭圆形，暗褐色。

（3）若虫。与雌成虫相似。

（4）蛹。雄蛹圆锥形，淡红紫色，长约5毫米，外被白色蜡状物。

3.生活习性：该虫1生发生1代，以卵在树干基部土中越冬。卵的孵化早晚受气温影响。在河南最早于1月即有若虫出土。初龄若虫行动迟缓，天暖上树，天冷回到树洞或树皮缝隙中隐藏群居，最后到一二年生枝条上吸食为害。雌虫经3次蜕皮变成成虫，雄虫第2次蜕皮后不再取食，下树在树皮缝、土缝、杂草中化蛹。蛹期10天左右，4月下旬至5月上旬羽化，与雌虫交配后死亡。雌成虫6月前后下树，在根颈部土中产卵后死亡。

4.防治方法：

（1）涂黏虫胶带。在草履蚧若虫未上树前于3月初在树干基部刮老皮，涂宽约15厘米的黏虫胶带，黏胶一般配法为废机油和石油沥青各1份，加热溶化后搅匀即成；或废机油、柴油或蓖麻油2份，加热后放入1份松香粉熬制而成。如在胶带上再包一层塑料布，下端呈喇叭状，防治效果更好。

（2）根部土壤喷药。若虫上树前，用6%的柴油乳剂喷洒根颈部周围土壤。

（3）耕翻土壤。采果至土壤结冻前或翌年早春进行树下耕翻，可将草履蚧消灭在出土之前，耕翻深度约15厘米，范围要稍大于树冠投影面积。结合耕翻可在树冠下地面上撒施5%辛硫磷粉剂，每667平方米用2千克，施后翻耙使药土混合均匀。

（4）药剂防治。若虫上树初期，在核桃发芽前喷3～5波美度石硫合剂，发芽后喷80%敌敌畏乳油1000倍液，或48%乐期本乳油1000倍液。

（5）保护天敌。草履蚧的天敌主要是黑缘红瓢虫，喷药时避免喷菊酯类和有机磷类等广谱性农药，喷洒时间不要在瓢虫孵化盛期和幼虫时期。

第二节　主要病害防治

一、核桃炭疽病

该病害在河南、河北、北京、山西、山东、陕西、新疆、辽宁、云南、四川等地均有发生，是核桃果实及苗木的一种真菌性病害。一般果实受害率达20%～40%，严重年份可达95%以上，引起果实早落、核仁干瘪，大大降低产量和品质。

1.病害症状：该病主要危害果实，果实受害后，果皮上出现褐色至黑褐色圆形或近圆形病斑，中央下陷且有小黑点，有时呈同心轮纹状。空气湿度大时，病斑上有粉红色突起。病斑多时可连成片，使果实变黑腐烂或早落。叶片病斑呈不规则状，多为条状。病叶色枯黄，重病叶全变黄。

2.发病规律：病菌以菌丝体和分生孢子在病果、病叶、芽鳞中越冬。第2年产生分生孢子，借风雨、昆虫等传播，从伤口、自然孔口等处侵入，发病后产生分生孢子又可再侵染，发病期在6～8月。雨水多、湿度大、树势强、枝叶稠密及管理粗放时发病早且重。通风差的果园发病重。品种间存在差异，晚实型较早实型品种发病轻，一般新疆核桃树易感病。举肢蛾严重发生的地区发病重。

3.防治方法：

（1）选栽抗病品种。在发病严重的地区选栽抗病品种尤为重要。

（2）加强树体管理。合理控制密度，加强抚育管理，改善园内和冠内通风、透光条件。

（3）清除病源。采收后结合修剪，清除病枝、病果、落叶并集中烧毁，减少初次侵染源。

（4）发病前喷药。发病前喷1∶1∶200（硫酸铜∶石灰∶水）的波尔多液。

（5）发病期喷药。发病期喷50%多菌灵可湿性粉剂1000倍液、2%农抗120水剂200倍液、75%百菌清600倍液或50%托布津800～1000倍液，每隔半月1次，喷2～3次，如能加黏着剂（0.03%皮胶等），防治效果则更好。

二、核桃细菌性黑斑病

该病属一种细菌性病害，在世界范围内均有发生。在我国的西北、华北、东北、华东和西南核桃产区均有发生，但以河北、河南、山西、云南、四川、陕西等地较为严重。主要危害果实、叶片、嫩梢、芽、雄花序及枝条。一般植株被害率达70%～90%，果实被害率10%～40%，严重时达95%以上，造成果实变黑早落，出仁率和含油量均降低。

1.病害症状：此病主要危害幼果和叶片，也可危害嫩枝、芽和雄花序。幼果受害时，开始果面上出现小而微隆起的黑褐色小斑点，后扩大成圆形或不规则形黑斑并下陷，无明显边缘，周围呈水渍状，果实由外向内腐烂，叶感病后，最先沿叶脉出现小黑斑，后扩大呈近圆形或多角形黑斑，严重时病斑连片，以致形成穿孔，提早落叶。叶柄、嫩枝上病斑长形、褐色，稍凹陷，严重时因病斑扩展而包围枝条近一圈时，病斑以上枝条即枯死。花序受害后，花轴变黑、扭曲、枯萎早落。

2.发病规律：病原细菌在病枝、芽苞或病果等老病斑上越冬，翌年春季借风雨传播到叶、果及嫩枝上为害，带菌花粉、昆虫等也能传播病菌。病菌由气孔、皮孔、蜜腺及各种伤口侵入。当寄生表皮潮湿，温度在4～30℃时，能侵害叶片；在5～27℃时，能侵害果实。潜育期为5～34天，一般为10～15天。核桃树在开花期及展叶期最易感病；夏季多雨则病害严重。核桃举肢蛾、核桃长足象、核桃横沟象等在果实、叶片及嫩枝上取食或产卵造成的伤口，以及灼伤、雹伤都是该菌侵入的途径。所以，以上虫害发生重的果园发病重。一般4～8月为发病期，可反复侵染多次。

3.防治方法：

（1）选栽抗病品种。

（2）消灭病源。结合采后修剪，清除病枝、病果，集中烧毁。

（3）药剂防治。在虫害发生严重的地区，特别是核桃举肢蛾严重发生的地区，要及时防治害虫，减少伤口和传播病菌的媒介，达到防病的目的。发芽前喷1次3～5波美度石硫合剂，消灭越冬病菌，生长期喷1～3次1：0.5：200的波尔多液或50%甲基托布津500～800倍液（雌花前、花后及幼果期各1次），喷70%消菌灵或菌毒清1000倍液，喷0.4%草酸铜效果亦好，也可用50克/千克链霉素加2%硫酸铜，每半月喷1次，防治效果良好。

三、核桃枝枯病

该病属真菌性病害，在浙江、辽宁、河北、陕西、甘肃、山东、山西等地均有分布。主要危害枝干，造成枝干枯干。一般植株受害率为20%左右，重者可达90%，影响树势和产量。此病还危害野核桃、核桃楸和枫杨。

1.病害症状：病菌首先侵害顶梢嫩枝，然后向下蔓延直至主干。受害枝条的皮层颜色初期呈暗灰褐色，而后变为浅红褐色，最后变成深灰色，不久在枯枝上形成许多黑色小粒点，即病菌的分生孢子盘。受害枝条上的叶片逐渐变黄而脱落。湿度大时，大量孢子从孢子盘涌出，变成黑色短柱状物，随湿度增大而软化，流出黏液，形成圆形或椭圆形、黑色馒头状（瘤状）突起的孢子团块，直径1～3毫米，其内含有大量的分生孢子。1～2年生枝梢或侧枝受害后，从顶端向主干逐渐干枯。

2.发病规律：病菌主要以菌丝体及分生孢子盘在枝上发病部位越冬。第2年环境条件适宜时，产生孢子通过风、雨、昆虫等传播，从伤口侵入。病菌是一种弱寄生菌，凡生长衰弱的枝条受害较重。此外，冻害及春旱严重的年份，发病也较重。

3.防治方法：

（1）加强果园管理。剪除病枝，集中烧毁；增施有机肥料，增强树势，提高抗病力；做好冬季防冻工作；及时防治虫害。

（2）刮除病斑。主干发病，可刮除病斑，并用1%硫酸铜消毒伤口后，外涂伤口保护剂。

（3）冬季树干涂白。注意防冻、防虫、防旱，尽量减少衰弱枝和各种伤口，防止病菌侵入。

（4）药剂防治。发生严重的核桃园可喷多菌灵或消灭灵1000倍液进行防治。

第九章　核桃采收和加工

第一节　适时采收

一、采收时期

核桃的适时采收非常重要。有些群众在栽植管理上非常认真，但在采收时由于农活太多耽误了时间，导致核桃太脏或核仁发霉，很难卖上好价钱。核桃采收过早青皮不易剥离，种仁不饱满，没有重量，出仁率低，加工时出油率低，而且不耐贮藏。采收过晚则果实易脱落，同时青皮开裂后停留在树上的时间过长，会增加受霉菌感染的机会，导致坚果品质下降。核桃果实的成熟期，因品种和气候条件不同而异。一般来说，北方地区的成熟期多在9月上旬至中旬，南方相对早些。核桃果实成熟的外观形态特征是，青果皮由绿变黄，部分顶部开裂，青果皮易剥离。此时的内部特征是，种仁饱满，幼胚成熟，子叶变硬，风味浓香。这时才是果实采收的最佳时期。

二、采收方法

核桃的采收方法有人工采收法和机械振动采收法两种。人工采收就是在果实成熟时，用竹竿或带弹性的长木杆敲击果实所在的枝条或直接触落果实，这是目前我国普遍采用的方法。其技术要点是，敲打时应该从上至下，从内向外顺枝进行，以免损伤枝芽，影响翌年产量。机械振动采收是在采收前10～20天，在树上喷布500～2000ppm乙烯利催熟，然后用机械振动树干，使果实振落到地面，这是近年来国外试用的方法。此法的优点是青皮容易剥离，果面污染轻，但其缺点是，因用乙烯利催熟，往往会造成叶片在早期脱落而削弱树势。

第二节　脱青皮和坚果漂洗

一、脱青皮的方法

1.堆沤脱皮法。是我国传统的核桃脱皮方法。其技术要点是，果实采收后及时运到室外阴凉处或室内，切忌在阳光下暴晒，然后按50厘米左右的厚度堆成堆（堆积过厚易腐烂）。若在果堆上加一层10厘米左右厚的干草或干树叶，则可提高堆内温度，促进果实后熟，加快脱皮速度。一般堆沤3～5天，当青果皮离壳或开裂达50%以上时，即可用棍敲击脱皮。对未脱皮者可再堆沤数日，直至全部脱皮为止。堆沤时切勿使青果皮变黑甚至腐烂，以免污液渗入壳内污染仁，降低坚果品质和商品价值。

2.药剂脱皮法。由于堆沤脱皮法脱皮时间长，工作效率低，果实污染率高，对坚果商品质量影响较大，故可采用药剂脱皮法。其具体做法：果实采收后，在浓度为0.3%～0.5%乙烯利溶液中浸蘸约半分钟，再按50厘米左右的厚度堆在阴凉处或室内，在温度为30℃、相对湿度80%～90%的条件下，经5天左右，离皮率可高达95%以上。若果堆上加盖一层厚10厘米左右的干草，2天左右即可离皮。据测定，此法的一级果比例比堆沤法高52%，核仁变质率下降到1.3%，缩短脱皮时间5～6天，且果面洁净美观，核仁洁净黄亮，商品率大大提高。乙烯利催熟时间长短、用药浓度大小与果实成熟度有关，果实成熟度高，用药浓度低，催熟时间也短。乙烯属于内源激素，不会对食品安全造成威胁。

3.机械脱皮法。机械脱皮法主要优点是成本低、效率高。主要工作原理分为：撞击、碾搓、剪切、挤压、揉撕和旋切等。目前核桃脱皮机的种类和款式较多，有些需要把堆沤离皮的果实进行机械脱皮，有些则是采收后直接进行脱皮。

二、坚果漂洗

核桃脱青皮后，如果坚果作为商品出售，应先进行洗涤，清除坚果表面残留的烂皮、泥土和其他污染物。我国多数地区的核桃产区农民朋友，对这一点重视不够，应特别注意。必要时核桃要进行漂白处理，以提高坚果的外观品质和商品价值。洗涤的方法是，将脱皮的坚果装筐，把筐放在水池中（流水中更好），用竹扫帚搅洗。在水池中洗涤时，应及时换清水，每次洗涤5分钟左右，洗涤时间不宜过长，以免脏水渗入壳内污染核仁。如不需漂白，即可将洗好的坚果摊放在席箔上晾晒。除人工洗涤外，也可用机械洗涤。

如有必要，特别是用于出口外销的坚果，洗涤后还需漂白。具体做法是，在陶瓷缸内（禁用铁木制容器），先将次氯酸钠（漂白精，含次氯酸钠80%）溶于5～7倍的清水中，然后再把刚洗净的核桃放入缸内，使漂白液浸没坚果，用木棍搅拌3～5分钟。当坚果壳面变为白色时，立即捞出并用清水冲洗两次，晾晒。只要漂白液不变浑浊，即可连续漂洗（一般一缸漂白液可洗7～8批）。

用漂白粉漂洗时，先把水和漂白粉的比例为1：60的漂白粉加温水溶解开，滤去残渣，然后在陶瓷缸内兑清水30～40升配成漂白液，再将洗好的坚果放入漂白液中，搅拌8～10分钟，当壳面变白时，捞出后清洗干净，晾干。使用过的漂白液再加0.25千克漂白粉即可继续漂洗。

作种子用的核桃坚果，脱皮后不必洗涤和漂白，可直接晾干后贮藏备用。

三、坚果制干

核桃坚果漂洗后，如果在阳光下暴晒，就会导致核壳破裂，核仁变质。洗好的坚果应先在竹箔或高粱秸箔上阴干半天，待大部分水分蒸发后再摊放在芦席或竹箔上晾晒。坚果摊放厚度不应超过两层果，过厚容易发热，使核仁变质，也不易干燥，晾晒时要经常翻动，以免种仁背光面变为黄色。注意避免雨淋和晚上受潮。一般经5～7天即可晾干。判断干燥的标准是，坚果碰敲声音脆响，横膈膜易于用手搓碎，种仁皮色由乳白变为淡黄褐色，种仁含水量不超过8%。晾晒过度，种仁会出油，同时降低品质。产量大时应考虑用烘干池或建造烘干楼。果实开始入池、入楼到大量水汽排出之前，不宜翻动果实，经烘烤10小时左右，各种壳面无水时才可翻动，越接近干燥翻动越勤。最后阶段每隔2小时翻一次。

第三节 包装贮藏和加工

一般长期包装贮存的核桃要求含水量不超过7%。包装贮藏方法因贮量和所贮时间不同而有所不同。

一、包装

核桃坚果的包装一般都用麻袋或者纸箱，出口商品可根据客商要求进行，并在袋左上角标注批号标识。

核桃仁出口要求按等级用纸箱或木箱包装。做包装核桃仁木箱的木材不能有怪味。一般每箱核仁净重20～25千克。包装时应采取防潮措施，一般是在箱底和四周衬垫防潮材料，装箱之后立即封严、捆牢，并注意重量、等级、地址、货号等。包装的地点要洁净干燥，远离污染，并杜绝产品与其他化学物质接触。包装人员要健康无传染疾病，并在操作时戴上口罩和手套，包装过程要迅速，最大程度减少核仁在空气中的暴露时间。

二、室内贮藏

即将晾干的核桃装入布袋或麻袋中，放在通风、干燥的室内贮藏，或装入筐（篓）内堆放在阴凉、干燥、通风、背光的地方。为避免潮湿，最好堆下垫石块并严防鼠害。少量作种子用的核桃可以装在布袋中挂起来，此法只能短期内存放，往往不能安全过夏，如过夏易发生霉烂、虫害和变味。

三、低温贮藏

长期贮存核桃应有低温条件。如贮量不多，可将坚果封入聚乙烯袋中，贮存在0～5℃的冰箱中，可保持良好的品质2年以上。在有条件的地方，大量贮存可用麻袋包装，贮存0～1℃的低温冷库中，效果更好。为防止贮藏过程中发生鼠害和虫害，可用无公害药剂熏蒸库房3.5～10小时。

核桃仁的贮藏一般需要低温条件，在1.1～1.7℃条件下，核桃仁可贮藏2年而不腐烂。此外，采用合成的抗氧化材料包装核桃仁，也可抑制因脂肪酸氧化而引起的腐败现象。

四、加工

核桃中的营养主要在于其丰富的脂肪酸（含有脑磷脂）、优质蛋白及螯合状的维生素和微量元素。因此，核桃的最佳营养在于鲜食生吃，各种加工食品或多或少降低了它的营养价值。尤其是各种核桃饮料，只能保留其大多数的蛋白质，而去掉了大多数的脂肪。目前，我国市场上的核桃加工产品有核桃粉、核桃露、椒盐核桃、核桃油等，由于大多数产品存在选料不精、适口性差、稳定性差等原因，未能火爆市场。

1.核桃粉加工：核桃粉类的产品主要以核桃仁为主要原料，复合大豆、玉米等辅料加工而成。具有营养全面、搭配合理、风味独特的特点，深受老人、儿童的喜爱。目前加工技术分为干法、湿法两种。干法为核桃仁脱皮后经液压冷榨去除部分油脂，然后冷榨饼经粉碎与其他物料混合后制成成品。湿法加工核桃粉是近几年来核桃加工新工艺。工艺方法主要为将核桃仁二次磨浆，制成高浓缩液，然后采用喷雾干燥法进行脱水干燥，所得粉状产品直接加水冲调即可食用。此方法配方中需加入大量的辅料（脱脂花生粉、奶粉、微量元素等）来平衡原料中的脂肪、蛋白质及糖类的比例。

2.核桃露加工：核桃露是以核桃仁为主料，用纯水以及乳化剂、稳定剂、防腐剂和甜味剂等添加剂和调节剂来制取。工艺流程：核桃仁→制粗浆→压滤除渣→调配乳化→灭菌处理→细化物质→装罐→冷却→成品。生产步骤：①粗浆制备：核桃仁经洗涤净化，再以4～6倍（重量比）、温度为75～85℃的纯水浸泡，而后粉碎均质成粗浆；②压滤除渣：粗浆通过120～150目滤材压滤分离，除去粒度大于20微米的滤渣，得到滤浆；③调配乳化，滤浆中加入纯水以及添加剂和调节剂，在搅拌条件下制成；组成含量（重量百分比）：核桃仁固形物4%～10%，乳化剂0.5%～1.0%，稳定剂0.3%～0.7%，防腐剂0.1%～0.3%；甜味剂12%～15%，余量纯水，调节剂调成pH 5～7的乳化液；④灭菌处理：乳化液在液温90～98℃条件下灭菌；⑤细化均质：乳化液在70～80℃、压力15～20兆帕条件下细化均质成核桃仁固形物粒度小于或等于0.2微米的天然植物蛋白型核桃乳；⑥灌装：灌注封浆于容量不同之瓶、罐；⑦冷却：封装之瓶、罐冷却降温至常温。

3.核桃牛奶复合饮料加工：

（1）核桃果仁前处理流程：

果仁→脱皮→漂白→水洗→熟化脱脂→

┌→油水液→离心分离→核桃油

│　　　　　　　　　　　　　┌→废渣

└→熟化仁→磨浆→过滤→

　　　　　　　　　　　　　└→仁浆

（2）配方及流程：核桃仁浆、奶粉、蔗糖、增稠剂、乳化剂配合→细磨→均质→脱气→灌浆→封盖→灭菌→品评观察。

（3）操作要点：

①经过脱种皮及酸液漂白的核桃果仁，用清水反复漂洗，然后加水煮沸，不断搅拌，使果仁熟化及部分果油上浮漂起，捞出核桃仁，残液用离心机离心分离，收集核桃油。

②核桃果仁磨浆的加水比例为1∶4，滤去残余皮渣；增稠剂使用0.05%琼脂、0.05%CMC；乳化剂使用0.01%单硬脂酸甘油酯（HLB4）、0.4%蔗糖酯（HLB11）；使用胶体磨细磨，高压均质机30兆帕压力均质，真空脱气机脱气；定容后料液用5%氢氧化钠调整pH为7～8。

③试验成品采用玻璃瓶包装，灌装封盖后采用巴氏杀菌法杀菌。

4.核桃酱生产工艺流程及操作要点：

生产工艺流程：核桃仁→碱液去皮→漂洗→沥干烘炒→加水研磨→配料均质→罐装→杀菌→成品。

操作要点：

（1）碱液去皮，使用热碱液水解皮层和果肉之间的果胶层，使皮层与果肉间失去粘连，然后利用大量水冲洗，人工或机械搓洗，达到去皮目的。用80～100℃、3%NaOH溶液浸煮3～5分钟，使皮层颜色变浅，易于剥离，此时将核桃仁捞出。碱液浓度太大，浸煮时间太长，碱液会过度浸入果肉，影响其色泽和口味。

（2）漂洗。用大量水冲洗碱煮后的核桃仁，直到冲洗水不显碱性。

（3）沥干烘炒。降低核桃仁水分，并使核桃产香，但在烘炒过程中注意烘炒温度和时间，避免核桃果肉变色，尽量保持去皮核桃仁诱人的乳白色。

（4）研磨。料水比1∶1.5。研磨时与水一起加入磨酱物料总重2%的食盐。利用砂轮磨将核桃仁研碎，以便进一步研磨和均质。研磨时应预留溶解添加剂的用水。

（5）配料均质。将配料的核桃酱，包括添加剂，经胶体磨2次。

（6）罐装杀菌。用300毫升小玻璃瓶罐装。121℃、30分钟热杀菌。

5.风味核桃仁：核桃仁营养丰富，既可生吃也可以加工成各种风味的核桃仁。我国现在市场销售较多的大致有三种风味：原味、甜味、咸味。原味为不经过处理的核桃仁，甜味以琥珀核桃仁为代表，咸味以椒盐核桃居多。此类加工方法简单，易操作。

琥珀核桃仁的主要配料为糖、蜂蜜、植物油。核桃仁经过上糖、油炸即可包装销售。椒盐核桃的加工工艺分初炒、浸盐、再炒和冷却等几个简单的过程。

第六部分

柿树无公害管理配套技术

柿品种分为甜柿和涩柿两类，甜柿指果实成熟后在树上可完成脱涩，摘下即可脆食的一类柿品种；涩柿指成熟后仍有涩味，须经不同的方法进行脱涩后方可食用的一类柿品种。涩柿中分为完全涩柿和不完全涩柿两类，我国原产的几乎所有涩柿均属于完全涩柿。本编技术主要以涩柿为主。

第一章　柿树优良品种简介

第一节　涩柿优良品种

一、平核无

原产日本，1980年2月引入陕西。树势极强。树姿半开张。果实中等大，平均重145克，最大果重200克，大小整齐。扁方形，橙红色，软后橙红或朱红色。果皮细腻，无网状纹，软后皮易剥。无纵沟，无缢痕。果实横断面方形，果肉橙黄色，有少量褐斑，纤维中等多，粗、长。肉质细腻，软化后水质，汁液极多，味浓甜，无核。髓小，成熟时实心，较易脱涩，耐贮运。品质极上。糖度21.0%。制饼、鲜食均优。柿饼无核，易成饼状，品质好。为不完全涩柿品种，染色体检测为九倍体（一般栽培柿品种为六倍体），即使授粉，也不形成种子。该品种是日本涩柿中的最优者，抗病性强，易栽培，可作为良种推广和遗传育种的优选试材。

二、黑柿

原产我国，分布于山西省及山东省。1983年引入国家柿种质资源圃。果实中等大，平均重148克，最大果重180克。呈心脏形，果面黑色。无纵沟，近蒂处有缢痕，赘肉呈肉座状。果实横断面圆形，果肉橙色，纤维细长中等多；软化后黏质，汁液较少，味浓甜，无核。髓小，成熟时空心，难脱涩，耐贮运，品质极上。糖度22%。最宜软食，也可制饼，柿饼外形整齐，肉质透亮、细腻，味甜。10月中旬成熟。该品种花、果均为黑色，比较罕见，糖度高，口感好，丰产，可做品质和观赏育种试材。

三、尖柿

原产我国，分布于陕西省富平、铜川耀州区一带。1984年高接于国家柿种质资源圃。果实大，平均重160克，最大果重250克，心脏形或圆锥形，橙黄色，软后橙色。果皮细腻，果粉中等多。果实横断面圆形，果肉橙色，纤维短而少；软化后水质，汁液多，味浓甜。种子0～2粒，易脱涩，耐贮，品质极上。糖度21%。最宜制饼，也可鲜食。出饼率28.09%，制成的柿饼称"合儿饼"，个大、红亮、霜厚、柔软、味甜、质优，是陕西省的名特产品。10月下旬至11月上旬成熟。该品种适应性强，树势强健，树姿开张，丰产，无大小年。但应注意炭疽病的防治。

四、七月早

原产我国，分布于河南省洛阳等地。1983年高接于柿种质资源圃。果实中等大，平均重133克，最大果重180克，扁心形，橙黄色，果顶呈奶突状，皮薄，多汁，味甜，但不耐贮。自然放置时果实易脱水皱缩，建议人工催熟。该品种特别早熟，在陕西8月中下旬成熟，品质中上。可以特早熟鲜食品种身份供应市场。

五、绕天红

又叫照天红。分布于我国河南洛阳。1983年引入国家柿种质资源圃高接。果实平均重152克，最大果重252克，扁方形，红色，软后大红色。肉质松软，软后黏质，汁液少，味甜，品质中上，宜鲜食。在陕西8月下旬至9月上旬成熟，早于一般品种半月以上。该品种果实红色艳丽，可做观赏及早熟育种材料。

六、磨盘柿

又叫大盖柿、大磨盘、盒柿、箍箍柿、腰带柿、帽儿柿等。原产我国河北省大部分地区。1983年引入国家柿种质资源圃高接。果实极大，平均重241克，最大可达500克以上。磨盘形，橙黄色。缢痕深而明显，位于果腰，将果肉分为上下两部分，形若磨盘而得名。软后水质，汁液特多，味甜，无核，品质中上。宜脱涩鲜食，也可制饼，但不容易晒干。在眉县国家资源圃内10月中下旬成熟。该品种单性结实力强，生理落果少，较抗寒抗旱，鲜柿较耐贮运。

七、火晶柿

原产我国陕西临潼区，1983年引入资源圃。果实小，平均重70克，扁圆形，横断面略方。橙红色，软后朱红色，艳丽，皮薄而韧，肉质细而致密，纤维少，汁液中等，味浓甜，含糖量19%～21%，无核。品质上等。在眉县国家资源圃内10月中旬成熟，在临潼10月上旬即可成熟。极易软化，最宜以软柿供应市场。较耐储藏。

八、博爱八月黄

原产我国河南省博爱县，1983年引入国家柿种质资源圃。果实中等大，平均重130克。扁方形，橙红色。常有纵沟2条。蒂大、方形。肉质致密而脆，偶有少数褐斑出现，纤维粗，汁液中等多，味甜，糖度19%，无核，品质上等。10月中旬成熟，最宜制饼，也可软食。高产稳产。

九、镜面柿

原产我国山东省菏泽市，1984年引入国家柿种质资源圃。果实中等偏大，平均重120～150克。扁圆形，果皮光滑，橙红色。肉质松脆、汁多味甜，无核。在山东菏泽长期栽培中形成了成熟期不同的三个类型：早熟的称八月黄，果稍大；中熟的称二糙柿，糖度高，可达24%～26%；较晚熟的称九月青。早熟的以硬柿供食，中、晚熟的以制饼为主，也可鲜食，制成的柿饼质细、透明、味甜、霜厚，以"曹州耿饼"驰名。

十、眉县牛心柿

又叫水柿、帽盔柿。原产我国陕西省眉县、周至县等地。果实大，平均重180克。方心脏形，橙红色。纵沟无或甚浅。肉质细软、纤维少、汁液特多，味甜，糖度18%，无核。在眉县10月中下旬成熟。最宜软食，也可制饼，出饼率稍低，但柿饼质量极优，深受国内外消费者喜爱。因皮薄、汁多，故不耐贮运。

第二节　品种选择

世界上主要的柿产区集中分布在暖温带，其中以亚洲的中国、日本、韩国年均温10℃以南地区栽培最多。陕西省品种很多，良莠不一，有些品种如小柿、红旋柿、干帽盔等虽然是某些地方的主栽品种，但因其果小或汁少，与现代人的口味不符，急需留优汰劣，实现良种化。从发展的区域来说，低海拔地区适宜发展优良的鲜食、加工型涩柿品种及大果、无核、红皮、早熟的鲜食品种，如优系尖柿、牛心柿、平核无、黑柿、七月早、照天红等。

第二章 育苗和嫁接

第一节 育 苗

一、种子沙藏

1份君迁子种子与4份湿沙子混合。沙子湿度大约80%为宜，即用手握住成团，放下即散。混合后置于背阴冷凉的地方，上覆农膜，防雨水淋入。贮藏中注意湿度变化，不宜过干或过湿。

二、种子催芽

没有经过沙藏处理的种子，在3月下旬，用"两开兑一凉"的温水（30~40℃）浸泡2~3天，每天换水一次，待种子吸水膨胀后，用指甲能划破种皮时即可播种。但未经沙藏处理的种子发芽率较沙藏的要低，应适当增加播种量。

三、播种

选择土壤疏松肥沃、有灌水条件的地方作苗圃。播前每667平方米施入基肥1500~2500千克（若无有机肥，只好施入过磷酸钙、碳氨各一袋），耕翻耙糖，待土壤疏松后整地作畦。北方干旱，宜低畦；南方多雨，须高畦。为了防止地下害虫，可进行土地防虫。

在北方，多在3月下旬至4月上旬（即柿树发芽期）春播；秋播的在11月上旬于土地封冻前播完；为了倒茬，也可在夏收后播种，但必须在苗期加强肥水管理。

按行距20、50厘米宽窄行条播。播深2~3厘米，覆土厚度为种子横径的2~3倍，再覆草或落叶，保持土壤湿度，防止板结。若用地膜覆盖效果更好，并能加快出土。

第二节 嫁 接

一、接穗采集与沙藏

冬季，树体进入休眠期，结合冬季修剪采集来年需要嫁接使用或出售的各品种的接穗，一般在落叶后至萌芽前都可采取，但以在深休眠期采集的贮藏养分最多。采接穗时选择品种纯正、生长健壮而充实的发育枝或结果母枝作接穗。采回后沙藏，贮存备用。沙藏时坑的大小视接穗多少而定，坑深约50～60厘米，挖好后在底部先铺一层沙，再将50～100个成捆平放沙上，依次排列，排满一层，薄薄地盖一层沙，再放一层接穗，又盖一层沙，如此重复直至放完接穗，接穗放完后上面覆盖10厘米厚的沙层，再盖一层农膜，以防雨水渗入，也可露头斜插。沙藏用的沙要干净的纯沙，沙的湿度以手感潮湿，握不成团为宜。贮存用的接穗剪口用蜡封闭后沙藏，效果更好。也可全枝蜡封后存于冷库备用。

二、嫁接

嫁接方法各地大同小异，苗圃嫁接时用芽接最快、最省接穗。具体生产中，嫁接人员可用最熟悉、最习惯的一种办法来接，不必强求一致。

芽接：在接芽下部距芽 1 厘米处切60度角的斜面，再在芽上方1厘米处下刀，将接芽切成带木质部的盾形芽片。砧木距地10厘米处，切掉一个与接芽相同的芽片，立即嵌入接芽，对齐形成层。接穗与砧木粗细不同、接穗芽片与砧木切口大小不相等时，将过大的芽片一侧削掉一点，将一边的形成层对齐即可；芽片过小的，必须一边形成层对齐，另一侧露白也可。而后用农膜条缠紧，露出接芽。缠农膜时，由下往上一层压一层，螺旋形缠紧，以免雨水渗入，影响成活。在春旱地区或蒸发快的天气，缠农膜时也可不露芽，但当接芽萌动时必须及时将农膜挑破（目前有嫁接专用膜，不用挑破膜），使芽顺利生长。春季嫁接的在接口以上20厘米处剪断，促进萌发，残桩可代替支柱，防止被风吹折；秋季嫁接的不要剪砧，开春后再剪，以免萌发而冻死。

第三章 柿树生长结果特性及建园

第一节 生长结果特性

一、形态特征

1.根系。初生时为白色，不久由苍褐色变为黑色。本砧（柿砧）根切断后，内部由白色变为淡黄色，变色慢；君迁子砧则迅速变为深黄色，并有特殊气味，这也是君迁子的枝叶很少遭受害虫危害的原因之一。柿砧主根发达，细根产少，根层分布较深；君迁子砧的主根弱，侧根和细根多，根层分布浅。

根系分为骨干根（主根、侧根和支根）与吸收根。骨干根是根系的骨架，寿命长，有固定树体、延伸根系、产生吸收根及输导水分和养分的作用。吸收根着生在各级骨干根上，较细，寿命短，常一再分叉，成为相对独立的根组。柿根的细胞渗透压较桃、葡萄低，从生理角度来看较不抗旱；又因单宁含量多，受伤后难愈合，所以移植后树势恢复慢。因此，移植时要尽量多保留根系，运输途中勿使根系干燥。

2.枝叶。嫩枝绿色，一年生枝多为褐色或黄褐、棕红、灰绿色，多年生枝灰褐色或灰白色，由光滑渐变粗糙以至树干老皮开裂成片状。

柿的枝条顶端在生长后期自行枯死，称为"自枯"现象，因此，没有真正的顶芽，人们通常还是把枝上最顶部的芽叫顶芽。枝条上的芽自上至下逐渐变小，有花芽、叶芽、潜伏芽（隐芽）、副芽四种。从外观上花芽和叶芽肥大饱满，难以区分；潜伏芽在枝条下部，很小，平时不萌发，当受强烈刺激（重修剪）时才会萌发；副芽位于枝条或芽的鳞片下，平时也不萌发，当主芽受伤后便可萌发。

当年萌发的枝条，可分为结果枝、发育枝和徒长枝三种。结果枝着生在一年生枝条的先端，由混合芽产生，全枝基部2～4节为隐芽，中部数节着生花，不再产生腋芽，顶部3～5节为叶芽，在生长强健的树上，也能形成花芽，次年连续产生结果枝结果。着生结果枝的枝条叫结果母枝。发育枝由一年生枝上的叶芽或多年生枝折断或受刺激后潜伏芽或副芽萌发而成，各节着生叶片，叶腋有芽，不着生花，芽长的可达30～40厘米，短的3～5厘米。强发育枝枝条较粗壮，长15厘米以上，顶部可产生花芽成为结果母枝；细弱发育枝不能形成花芽，影响通风透光，修剪时应疏去。徒长枝是发育枝中生长非常旺盛的枝条，多由直立的发育枝顶芽萌发而成或大枝上隐芽萌发而成，如不加控制，长度可达1米以上。

叶在新梢上互生，长椭圆形、阔椭圆形或卵状椭圆形。浅绿色、绿色或黄绿色，落叶期不同程度地变红色。通过光合作用制造有机物，供给果实和树体生长。

二、开花和结果习性

1.开花和结果习性。柿花着生在结果枝的中部，结果枝由结果母枝顶部的花芽萌发而成。每一结果枝着生的花数多少与品种及结果枝的营养状况有关。橘蜜柿、火晶、干帽盔等每一结果枝有花3～5朵，磨盘柿、斤柿、大二糙等只有1～3朵；结果位于结果母枝顶端的比下面几个结果枝着花多、坐果多。结果枝可由强壮的发育枝、生长势减缓的徒长枝、粗壮而处于优势地位的结果枝、花果脱落后的结果枝转化而成。一个结果母枝可着生3～5个结果枝，也有多达10个以上的。大树上的结果母枝短，在5～15厘米之间，能抽出1～3个结果枝；幼树和生长旺盛的柿树上的结果母枝较长，在25厘米以上，能产生3～5个以上的结果枝。一个结果枝可着花1～7个，坐果1～5个。

柿花开放时期因品种而表现有差异，同一树上，树冠上层的花、朝南方向的花先开。在一个结果枝上着生多数花时，因中下部的花分化程度较两端高，所以先开。具有雄花的品种，表现为雄先雌后。同一花序的雄花，中间一朵先开，旁边的后开。全树花开时间持续半个月。

2.花朵类型。柿有雌花、雄花、完全花三种。一般品种只有雌花，少数雌雄同株，个别品种是雌花、雄花和完全花混生的，全株仅有雄花的比较罕见。雌花或雄花都是在系统发育过程中由完全花演变而来的，完全花中的雄蕊不同程度退化后便成了雌花，雌蕊不同程度退化后便成了雄花。雄花的大小约为雌花的1/3～1/5，属小型花。雄花通常在结果枝的叶腋由一朵中心花和两朵侧花组成伞状花序。中心花稍大，侧花小。雌花在结果枝叶腋着生，通常只有一朵。在涩柿生产栽培中，具雄花的品种往往被淘汰，是因为通过雄花授粉后，虽然能提高坐果率，但种子多，品质下降。

3.花芽分化。位于叶腋的顶端分生组织，有分化成花的趋势称花芽分化。花芽的形成必须有一定的营养器官作基础，即先生长一定数量的枝叶，为花芽分化制造足够的有机养分。植物体内的无机养分（特别是氮）对生长有利，有机养分（以糖为代表）对繁殖有利，当有机养分超过一定限度时，便能促进性器官的形成。决定能否形成花芽的不是无机营养的绝对量，而是他们的比例，简单地说就是糖与氮之比，简称碳氮比（C/N）。

4.坐果率。柿的坐果率因品种不同差异很大，有的高达90%以上，如襄汾八月红、楼疙瘩、稷山蜜罐、眉县马奶头、闻喜尖顶柿、挂干柿、临潼方柿、大磨盘、帽盔柿、冻丹柿、襄阳牛心柿、金瓶柿、安溪油柿、鹅黄柿、黑柿、小萼子、禅寺丸、长安镜面柿、前川次郎、山富士、南漳杵头柿；有的不到20%，如长安蒸饼柿。大多数品种的坐果率在40%～80%之间。

5.落花落果。落花落果现象主要包括两个方面，一是因病（柿炭疽病、柿圆斑病）虫（柿蒂虫、柿绵蚧等）为害后果实软化脱落；二是由外因通过内因起作用，以致树体生理失调造成的落果，这种现象为"生理落果"。从现蕾、开花结果至成熟采收，生理落果大体有两次。第一次在现蕾、开花至7月上中旬发生，其中以6月上中旬落果最剧烈，约占落果数的80%，这次落果也称前期落果；第二次落果出现在8月中旬以后，这次落果叫采前落果或后期落果。前期落果时，柿蒂与幼果一同落下，后期落果只落果不落蒂。

前期落果原因：

（1）授粉受精不良。有些品种不需授粉，子房能膨大成果实，这种现象称为"单性结实"。有些品种必须进行授粉，须增加外来花粉激素，果实才能发育。当缺少授粉树或花期阴雨，受精不良，没有形成种子的果实几乎全部脱落。落果时无核的先落，种子少的后落。

（2）营养不良。营养不良有以下几种情况：①由于树体营养不良，花芽分化不完全，引起早期落蕾。②日照不良，光合作用的产物积累不够而引起落果的很多。③施肥不合理。当缺氮或氮肥过多，导致碳氮比例的失调，也会造成落果。土壤是强酸或强碱性的，妨碍了微量元素的吸收时也会落果。④水分过多或过少。夏天土壤过于干燥，会妨碍根系吸收肥料，造成与果实争夺养分不足而落果；过湿则根系吸收受到抑制，活动受阻，也会妨碍养分的吸收引起落果。⑤重剪。重剪之后新梢徒长或延迟伸长，由生殖生长转向了营养生长，从而引起落果。⑥枝条不充实。树体内贮藏养分不足，也会引起落果。⑦药害、激素等化学物质的刺激而落果。

后期落果原因：后期落果与营养条件有关，如夏季干旱，果实停止发育，8月下旬果实进入第二次迅速膨大期，若那时连续降雨，根系便迅速生长，两者争夺养分，又因连续阴雨，日照不足，光合作用不良，果实有机营养减少也会落果。

6.果实着生特点。柿的果实多着生在由粗壮的结果母枝顶端3～5个芽产生的结果枝上，细弱的发育枝难以形成结果母枝而抽出结果枝结果。结果枝组在粗放管理的柿树上，果实多分布在树冠外围和中上部，这与柿喜光的特性有关。在整形修剪时应以开张树冠和疏枝长放为主要措施，集中养分，以形成粗壮的结果枝和发育枝，秋季落叶后即成为结果母枝，才能保证来年多开花、多坐果。

7.果实的发育过程。开花以后，果实迅速增大。据国家柿种质资源圃在关中的观察，柿果在6月下旬至7月上旬已基本定形，此后果实增大，果形指数变化不大。果实的发育过程大体有三个阶段：第一阶段是开花后60天内，随着细胞分裂和细胞体积的增大，果实迅速膨大；第二阶段是7月中旬至9月上中旬，细胞缓慢地分裂，果实长长停停，呈间歇性状态；第三阶段是9月中旬至采收，即着色以后至采收，细胞体积再一次迅速膨大，果实又有明显增大。在同一结果枝上，先开花的果实大，后开花的果实小，尤其是结果量大、坐果率高的品种更显著。因此，在疏花疏果时要保留开花早的。

第二节　建　园

一、柿树对环境条件的要求

1.柿对温度的要求。温度是决定柿树分布的主要因素。柿喜温暖气候，但也相当耐寒。涩柿在年平均温度9～23℃的地方都有栽培，以年平均温度11～20℃最为适宜。

柿对温度的要求，因品种和生育阶段不同而有区别。一般来说，甜柿比涩柿更喜温暖，否则在树上不易脱涩。休眠期需要低温，生长期需要较高温度。如萌芽期温度应在5℃以上；枝叶生长需要13℃以上；开花期17℃以上；果实发育期的温度23～26℃，成熟期为12～19℃。

柿对低温的忍受力，也因品种、年龄及生育阶段不同而有区别，长期在北方栽培的品种如孝义牛心柿、杵头柿、磨盘柿等比长期在南方的品种如元宵柿、高方柿、鸭蛋柿、恭城水柿等耐寒。成年树较幼苗或幼树抗寒。温度降至-15～-16℃

时不会受冻。休眠期的耐寒力随休眠深度而增加。萌动以后，随着萌发程度加大而不耐寒，特别是温度骤降时危害最大。

2.柿对光照的要求。柿树的需光量，相当于夏日10点钟太阳光强度的1%。在这个光强以上，光合作用强度随着光的强度增加而增加，但是，当光的强度增加时，叶面的温度相对提高，从而促进了呼吸作用，使有机养分消耗加快。通常温度升高时，呼吸强度增加的速度比光合强度的增加快得多，这样，净光合强度（净光合强度＝光合强度－呼吸强度）相对减少，对积累养分不利。所以，对柿子最有利的光照强度为64000勒克斯，相当于夏天8～9点钟的太阳光。

对树体来说，树冠外围较内膛光照充足，有机养分容易积累，碳氮比相对较高，因此花芽容易形成，萌生的结果枝较多，坐果率较高，果实发育良好，风味浓；相反，内膛光照不良，有机养分积累不多，碳氮比相对较低，花芽形成少，结果量少，也容易脱落，且枝条细弱，容易枯死，结果部位逐年外移，形成"伞形结果"，不进行修剪的树常常如此。栽植过密时，相邻树冠密接而郁闭，枝叶互相遮蔽，下部通风透光不良，结果部位仅在树冠顶部。因此，应注意栽植距离、修剪及其他栽培管理措施，尽量提高柿树的受光量，使其上下、内外立体结果。

日照充足与否对产量影响极大。一株树上，南面日照充足，结果比北面多。

光照对果实品质也有一定影响，特别是着色开始至成熟这个时期，光照是否充足关系最大。光照充足，光合作用顺利进行，有机养分积累增加，含糖量高，着色好；相反，光照不足，含糖量显著降低，着色不良。

3.柿对水分的要求。水分是树体和果实的主要组成成分，在新陈代谢过程中起着重要作用，是体内各种生理活动不可缺少的物质。柿树从根部吸收的水分，用于合成碳水化合物的仅占2%～3%，其他都从叶片蒸腾到大气中去了。

柿树根系具有分布深而广，分叉多、角度大，能在土壤中均匀分布，根毛长而耐久、吸附力大等特点，因此抗旱、耐瘠薄的能力特别强。在年雨量450毫米以上的地方，一般不需灌溉。但是，由于根的细胞渗透压较低，生理上并不抗旱，所以抗旱能力有一定限度。根系吸水与地上部蒸腾失水出现不平衡时，也会严重影响柿树的生长发育。根部吸水多少与土壤含水量有关，正常生长的柿树处于土壤含水量在持水当量至饱和这一范围内，土壤含水量越高，吸水越容易，地上部分生长越快；土壤含水量在持水当量以下，蒸腾大于吸水，叶子萎蔫，若不及时灌水，则果实停止发育，甚至大量脱落。在苗期，当强大的根系形成以前很不抗旱，因此，在移栽过程中切忌根部干燥，移栽后，根部大大缩小，吸水能力降低，为了维持水分平衡，应将地上部适当剪去一些，天旱时应及时灌水。

4.土壤条件。柿树根系强大，能吸收肥水的范围广泛，所以对土壤选择不严。山地、丘陵、平原、河滩、肥土、瘠地、黏土、沙地都能生长。

为了获得高产、优质的果品和维持较长的经济收益时期，最好在土层深度1～1.2米以上、地下水位不超过1米的地方建园，尤以土层深厚、保水力强的壤土或黏壤土最理想。土壤酸碱度在pH 5～8范围内都可栽培，但以pH 6～7生长结果最好。一般地说，君迁子砧稍耐碱，柿砧稍耐酸。

5.风与冰雹。风对柿有一定影响。微风对生长无害，对柿饼加工有利；强风会使嫁接苗自接口处吹折，果实成熟时会使果面磨损发黑，影响商品价值，甚至将负担过重的粗枝折断。生长中期经常吹风时，树体容易偏斜，且迎风面果少。因此，栽培时应避免在风口建园。

冰雹危害不小，有冰雹危害地区，不宜作商品生产的基地。

二、园址选择与准备工作

1.园址选择：

（1）地形、地势。不能在冷空气容易停留的山谷或低洼地栽培，也不要选在风口建园；坡度不宜过大，最好在5～15度的浅山缓坡地建园。坡向以阳坡为宜。

（2）水源。选离水源较近的地方建园，以便干旱时灌溉。

（3）土壤。尽量选择土层深厚、有机质含量丰富、通气性良好、地下水位在1米以下、排水良好、不泛碱的土壤。

（4）交通。选在离公路近的地方建园。

2.建园前的准备工作：

（1）建园前的土地整理。在栽树前要对土地进行整理。山地应做好水土保持工程，如梯田或鱼鳞坑。鱼鳞坑要求深1米左右，直径1.5米左右，栽树后使坑内面外高内低，以便积蓄雨水。在两个鱼鳞坑之间以小沟相连能灌能排。鱼鳞坑逐年扩大，改造成梯田。土壤瘠薄，建园前要掏沙、石换土或深翻破淤，将下层的淤泥翻上来。定植前后要种植绿肥，多施有机肥料，改良土壤，提高保水保肥能力。

（2）道路与排灌系统。按设计要求修筑道路和排灌系统。

三、栽植技术

1.苗木的选择：要求品种纯正，苗木无病虫害，特别要防止调运带入本地没有的病虫害。在此基础上选择苗高达到地标要求，根系长，侧根多，伤口小，地上部粗壮，芽子充实饱满，接口愈合良好的苗子。

2.定植方法：

（1）定植时间。有秋栽和春栽两期。秋栽的苗子在落叶以后11～12月进行；春栽的在土壤解冻以后3月进行。北方冻土层厚，秋栽的苗木若不培土，地上部分易被抽干，以春栽为宜，但在春旱地区以秋雨季后趁墒带叶栽植为宜。

（2）栽植距离。树冠的大小与品种、土地肥瘠有关，所以栽植距离也有所不同。合理的栽植距离应该是，当树冠稳定以后，相邻的枝条互相不接触，全树通风透光良好为准。为了早期多收益，可在株间或行间加密栽培，栽植8～10年枝条接触后再隔株间伐。涩柿以3米×4米为宜，10年后间伐。

（3）栽植。定植穴的准备：定植穴大小应视土质不同而有差异，土质肥沃、疏松的根系容易生长，定植穴0.8米见方；土质坚硬、瘠薄甚至有石块的地方，根系不易伸展，定植穴要大，深、宽都要1米以上，必要时再挖大一些。定植穴应定植前挖好，春栽的最好在头年雨季前挖好，以便使穴土在冬天进行风化，栽植后有利树的生长。挖时心土与表土分别放于穴的两侧。

栽植时先将心土与厩肥或堆肥加少量过磷酸钙混合填入穴内，填至距穴上口地表20厘米时即可放入树苗，边填边振动树苗，使土流入根的缝隙中，填满后在穴周围修成土埂，再充分浇水，水渗下后用细土覆盖，防止蒸发。

植树应掌握深度，以苗的根颈与地面平齐或稍深2～5厘米为宜，浇水时若发现栽得过深的，可稍稍将苗提起，根基立即加土护住，待水渗完后再培土保护。

（4）加强管理。秋季栽植须培土，以防冻害；可以将幼苗弯倒埋入土中，以维持水分平衡；有兔害的地区，应缚棘刺防护。

3.直播建园与坐地苗建园：

（1）直播建园。按株行距挖播种穴，0.8米见方，回填熟土、有机肥。春季在穴中直播3～4粒催芽处理的种子深种10厘米左右。次年春选壮苗，嫁接良种。嫁接成活后，按整形要求定干、选留主枝，并及时除砧芽。由于砧木根系完好无损，所以植株生长较快，也较经济，但幼苗分散、细小，需细心管理才会有良好的效果。

（2）坐地苗建园。按株行距先定植砧木，待长成大砧木后，再进行嫁接。砧木苗较嫁接苗有易成活、还苗快、长势旺、成本低等优点，在贫困的山区可以采用此法。

第四章　整形修剪

第一节　整形修剪的目的

一是充分利用空间，包括扩大树冠，增加营养面积，立体结果，促进和维持果树最大的生产力。

二是充分利用光照，通过修剪使果园达到透光的要求，在夏季晴天的中午树冠地面下要有10%～15%的"光斑"。

三是充分利用二氧化碳，即达到通风。

达到上述目标的树形标准是开放式的"三稀三密"树形。所谓"三稀三密"，即"上稀下密""外稀内密""大枝稀小枝密"。

第二节　主要树形

一、自然开心形

无中心干。一般主枝3个，错落着生于主干上，相邻主枝间间隔30厘米左右，每主枝着生2个侧枝。该树形主枝和侧枝确定较早，整形容易，树的高度低，栽培管理比较简单。一些干性较弱的品种如镜面柿、小萼子、富有、次郎等采用此树形。

二、疏散分层形

有中心干，选择4～7个角度、位置、方向均适宜的壮枝作为主枝，分3～4层分布。对干性强的品种如磨盘柿、眉县牛心柿等采用此树形。

第三节 整形修剪

一、冬季修剪

1.幼树修剪：修剪原则是适当疏剪，开张角度，培养骨架，整好树形。辅养枝及时摘心，促生结果枝，为早期丰产打好基础。修剪时要根据整形的要求，选留部位合适的枝条作为主枝和侧枝。疏去同方向的枝条，使各级骨干枝的延长头都处于优势地位。对无碍延长枝生长的其他枝条，过密的疏去一些，过长的适当回缩。

2.结果树的修剪：修剪原则是注意通风透光，调整生长和结果的关系，促进花芽形成，提高产量和质量。加强结果枝组的更新，使结果部位尽量靠近骨干枝，防止结果部位外移而造成"伞形结果"。

修剪方法：

主、侧枝延长头的修剪。使延长枝处于主枝或侧枝的领导地位，与其他枝条之间从属关系要明确，茁壮生长的延长枝于1/3处饱满芽上方短截；主、侧枝太强的，去强换弱；延长头太弱的，去弱留强；延长头水平方向偏斜的，要重剪，剪口芽留内芽，以减少弯曲度；主、侧枝太开张的，要去平留斜；成枝角太小的，去直留斜开张角度。

结果枝组与结果母枝的修剪。结果枝组在骨干枝上配置是否合理，这是丰产的关键。配置时，位于顶部的小，基部的大，使主枝和侧枝水平和垂直方向都呈三角形。在不同部位生长的结果枝组其生长量不同，上位的太强，下位的太弱，水平伸展的结果枝组长势中庸最理想。结果枝组在主、侧枝上的排列要左右错开，4～5年更新一次。

结果枝的修剪。在修剪时，首先应认清结果母枝，应根据树龄、树势和栽培管理等情况确定计划产量，再算出应留的结果母枝数，而后按去密留稀、去老留新、去直留斜、去远留近，去弱留强的原则进行修剪。结果母枝之间距离要根据母枝生长势确定，粗壮的距离远些，细弱的距离近些。一般同方向的结果母枝间隔30厘米左右为宜。

发育枝的修剪。将内膛或大枝下部细弱枝条疏去；对具有2～3次梢的发育枝，应截去不充实部分；20～45厘米长的发育枝最容易形成结果母枝，对此，应根据具体情况妥善处理，一般过长的可截去1/3，短的可不短截，太密的适当疏去一些。

徒长枝的修剪。徒长枝一般无用，可从基部疏去。但当出现较大空隙时，也可短截补空，培养成结果枝组。

二、夏季修剪

1.抹芽。粗枝的剪锯口附近或拱起部分，隐芽会大量萌发，5～7月在新梢木质化之前，抹去向上或向下的嫩梢，留侧方的新梢，以培养成结果母枝。

2.徒长枝摘心。徒长枝一般要全部疏去，对用于补空的，应在20～30厘米处摘心，促生分枝。

3.疏枝，拉枝。在枝条过密处疏去多余的枝条，以利通风透光。柿树生长旺盛，枝条直立，易使树冠郁闭，影响整形，也影响早期产量。拉枝能缓和树势，扩大树冠，改变枝条方向，便于整形。无论是培养主枝或侧枝，当新梢方向合适，角度较小时，6月在新梢木质化以前，按理想角度和方向拉枝。

三、环割或环剥

生长旺盛不易结果的柿树，在初花或盛花期进行环割或环剥，阻碍光合作用制造的有机营养向根部流动，调节枝条的碳氮比，可促进花芽分化，提早结果，并能提高坐果率，减少生理落果数量，效果十分明显。对已结果树的主干或大型结果枝组和辅养枝进行环剥，环剥宽度与树的生长势和枝干粗度有关，一般为0.2～0.5厘米，大树、壮树可宽些，幼树小树要窄些，以伤口在10天左右能愈合为宜。弱树或结果过量的树不宜进行。环剥的形式有环状、螺旋状、错位两半圆等均可，剥后用塑料薄膜包扎促进愈合，这样可明显地促进成花和提高坐果率。

第四节　疏蕾与疏果

为了生产均匀一致的商品性大果并防止隔年结果现象的发生，采取疏蕾疏果的方法，调控产量，是很有效的。疏蕾与疏果并非越早越好。当结果枝上第一朵花开放的时候开始至第二朵花开放时结束，这个时期是疏蕾的最佳时期。疏蕾时除基部向上第2～3朵花中保留1～2朵花以外，将结果枝上开花迟的蕾全部疏去。才开始结果的幼树，将主、侧枝上的所有花蕾全部疏掉。疏果能提高果实产量，早疏果则留下的果实容易长大。但因柿树生理落果严重，为此，疏果宜于生理落果即将结束时的7月上中旬进行。疏果时应注意叶果比，1个果实有20～25片叶子是最合适的结果量，并应注重留下果实的质量。将发育不良的小果，向上着生的、萼片受伤的果及畸形果、病虫果等疏去。

第五章　柿子树病虫害防治

第一节　病害防治

一、柿炭疽病

症状：主要为害新梢和果实，有时也侵染叶片。新梢染病，多发生在5月下旬至6月上旬，最初于表面产生黑色圆形小斑点，后变暗褐色，病斑扩大呈长椭圆形，中部稍凹陷并现褐色纵裂，其上产生黑色小粒点，即病菌分生孢子盘。天气潮湿时黑色病斑上涌出红色黏状物，即孢子团。病斑长10～20毫米，其下部木质部腐朽，病梢极易折断。当枝条上病斑大时，病斑以上枝条易枯死。果实染病，多发生在6月下旬至7月上旬，也可延续到采收期。果实染病，初在果面产生针头大小深褐色至黑色小斑点，后扩大为圆形或椭圆形，稍凹陷，外围呈黄褐色，直径5～25微米。中央密生灰色至黑色轮纹状排列的小粒点，遇雨或高湿时，溢出粉红色黏状物质。病斑常深入皮层以下，果内形成黑色硬块，一个病果上一般生1～2个病斑，多者数十个，常早期脱落。叶片染病，多发生于叶柄和叶脉，初黄褐色，后变为黑褐色至黑色，长条状或不规则形。

传播途径和发病条件：以菌丝体在枝梢病部或病果、叶痕及冬芽中越冬。翌夏产生发生孢子，借风雨、昆虫传播，从伤口或直接侵入。伤口侵入潜育期3～6天；直接侵入潜育期6～10天。高温高湿利于发病，雨后气温升高或夏季多雨年份发病重。柿各品种中，富有、横野易染病，江一、霜丸、高田、禅寺丸等较抗病。

防治方法：①加强栽培管理，尤其是肥水管理，防止徒长枝产生。②清除初侵染源。结合冬剪剪除病枝，柿树生长期认真剪除病枝、病果，清除地下落果，集中烧毁或深埋。③选栽无病苗木。引进苗木时，认真检查，发现病苗及时清除，并用1∶3∶80倍式波尔多液或20%倍石灰乳浸苗10分钟，然后定植。

④发芽前喷洒5波美度石硫合剂或45%晶体石硫合剂30倍液，6月上中旬各喷一次1：5：400倍式波尔多液，7月中旬及8月上中旬各喷一次1：3：300倍式波尔多液或70%代森锰锌可湿性粉剂400～500倍液、50%苯菌灵可湿性粉剂1500倍液、70%甲基硫菌灵超生可湿性粉剂1000倍液。

二、柿圆斑病

症状：柿圆斑病为常发病，造成早期落叶，柿果提早变红。主要为害叶片，也能为害柿蒂。叶片染病，初生圆形小斑点，叶面浅褐色，边缘不明显，后病斑转为深褐色，中部稍浅，外围边缘黑色，病叶在变红的过程中，病斑周围现出黄绿色晕环，病斑直径1～7毫米，一般2～3毫米，后期病斑上长出黑色小粒点，严重者仅7～8天病叶即变红脱落，留下柿果。后柿果亦逐渐转红、变软，大量脱落。柿蒂染病，病斑圆形褐色，病斑小，发病时间较叶片晚。

传播途径和发病条件：病菌经未成熟的子囊果在病、落叶上越冬，翌年6月中下旬至7月上旬子囊果成熟，形成子囊孢子，借风传播，子囊孢子从气孔侵入，经2～3个月潜育，于8月下旬至9月上旬显症，9月下旬进入盛发期，病斑迅速增多，10月上中旬引致落叶，病情扩展就此终止。圆斑病菌不产生无性孢子，每年只有1次侵染。

该病病菌越冬数量和病叶的多少影响当年初侵染的情况及当年病害轻重。生产上，6～8月降雨影响子囊果的成熟、孢子传播及发病程度。因此，上年病叶多，当年6～8月雨日多、降雨量大，该病易流行。此外，土壤瘠薄、肥料不足、树势弱的柿园，落叶多，发病重。

防治方法：①清洁柿园。秋末冬初，及时清除柿园的大量落叶，集中深埋或烧毁，以减少初侵染源。②加强栽培管理。增施基肥，干旱柿园及时灌水。③及时喷药预防。一般掌握在6月上中旬，柿树落花后，子囊孢子大量飞散前喷洒1：5：500波尔多液或70%代森锰锌可湿性粉剂500倍液、64%杀毒矾可湿性粉剂500倍液、36%甲基硫菌灵悬浮剂400倍液、65%代森锌可湿性粉剂500倍、50%多菌灵可湿性粉剂600～800倍液。如果能够掌握子囊孢子的飞散时期，集中喷1次药即可，但在重病区第1次药后要十天后再喷1次，效果较好。

三、柿黑星病

症状：主要为害叶、果和枝梢。叶片染病，初在叶脉上生黑色小点，后沿脉蔓延，扩大为多角形或不规则形，病斑漆黑色，周围色暗，中部灰色，湿度大时背面现出黑色霉层，即病菌分孢子盘。枝梢染病，初生淡褐色斑，后扩大成纺锤形或椭圆形，略凹陷，严重的自此开裂呈溃疡状或折断。果实染病，病斑圆形或不规则形，稍硬化呈疮痂状，也可在病斑处裂开，病果易脱落。

传播途径和发病条件：病菌以菌丝或分生孢子在新梢的病斑上，或病叶、病果上越冬。翌年，孢子萌发直接侵入，5月病菌形成菌丝后产生分生孢子进行再侵染，扩大蔓延。自然状态下不修剪的柿树发病重。

防治方法：参见柿圆斑病。

第二节　虫害防治

一、柿长绵粉蚧

同翅目，粉蚧科；别名长绵粉蚧；寄主柿、苹果、梨、枇杷、无花果等。

为害特点：雌成虫、若虫吸食叶片、枝梢的汁液，排泄蜜露诱发煤污病。

形态特征：

成虫。雌体长约3毫米，椭圆形扁平，黄绿色至浓褐色，触角9节丝状，3对足，体表布白蜡粉，体缘具圆锥形蜡突10多对，有的多达18对。成熟时后端分泌出白色绵状长卵囊，形状似袋，长20～30毫米。雄体长2毫米，淡黄色，似小蚊。触角近念珠状，上生茸毛。3对足。前翅白色透明较发达，具1条翅脉分成2叉。后翅特化成平衡棒。腹部末端两侧各具细长白色蜡丝1对。

卵。淡黄色，近圆形。

若虫。椭圆形，与雌成虫相近，足、触角发达。

雄蛹。长约2毫米，淡黄色。

生活史及习性：1年生1代，以3龄若虫在枝条上结大米粒状的白茧越冬。翌春寄主萌芽时开始活动。雄虫脱皮成前蛹，再脱1次皮变为蛹；雌虫不断取食发育，4月下旬羽化为成虫。交配后雄虫死亡，雌虫爬至嫩梢和叶片上为害，逐渐长出卵囊，至6月陆续成熟卵产在卵囊中，每雌可产卵500～1500粒，卵期15～20天。6月中旬开始孵化，6月下旬至7月上旬为孵化盛期。初孵若虫爬向嫩叶，多固着在叶背主脉附近吸食汁液，到9月上旬脱第1次皮，10月脱2次皮后转移至枝干上，多在阴面群集结茧越冬，常相互重叠堆集成团。5月下旬至6月上中旬为害重。天敌有黑缘红瓢虫、大红瓢虫、二星瓢虫、寄生蜂等。

防治方法：①越冬期结合防治其他害虫刮树皮，用硬刷刷除越冬若虫。②落叶后或发芽前喷洒3～5波美度石硫合剂或45%晶体石硫合剂20～30倍液、5%柴油乳剂。③若虫出蛰活动后和卵孵化盛期喷吡虫啉、代森锌等药剂。如能混用含油量1%的柴油乳剂有明显增效作用。④注意保护天敌。

二、柿绒蚧

同翅目，粉蚧科；别名柿绵蚧、柿毡蚧、柿绒粉蚧；寄主柿、黑枣。

为害特点：若虫及雌成虫吸食柿叶、枝及果实汁液。

形态特征：

成虫。雌椭圆形，长约1.5毫米，宽1毫米左右，紫红色，腹部边缘泌有细白弯曲的蜡毛状物，成熟时体背分泌出绒状白色蜡囊，长约3毫米，宽2毫米左右，尾端凹陷。触角4节，3对足小，胫节、跗节近等长。肛环发达，有成列孔及环毛8根。尾瓣粗锥状。雄长约1.2毫米，翅展2毫米左右，紫红色。翅污白色。腹末具1小型刺和长蜡丝1对。

卵。紫红色椭圆形，长0.3～0.4毫米。

若虫。紫红色扁椭圆形，周缘生短刺状突。

雄蛹。壳椭圆形，长约1毫米、宽0.5毫米，扁平，由白色绵状物构成，体末有横裂缝将介壳分为上下两层。

生活史及习性：陕西1年生4代，以初龄若虫在2～5年生枝的皮缝中、柿蒂上越冬。4月中下旬若虫出蛰，爬至嫩枝、叶上为害，5月中下旬羽化交配，而后雌体背面形成卵囊并开始产卵在其内，虫体缩向前方，每雌产卵50～170粒，卵期12～21天。

各代卵孵化盛期：1代6月中上旬，2代7月中旬，3代8月中旬，4代9月中下旬。前期为害嫩枝、叶，后期主要为害果实。第3代为害最重，致嫩枝呈现黑斑以致枯死，叶畸形早落，果实现黄绿小点，严重的凹陷变黑或木栓化，幼果易脱落。10月中旬以第4代若虫转移到枝、柿蒂上越冬。主要靠接穗和苗木传播。天敌有多种瓢虫、草蛉等。

防治方法：参考柿长绵粉蚧。

三、柿蒂虫

鳞翅目，举肢蛾科；别名柿实蛾、柿举肢蛾、柿食心虫；寄主柿、黑枣。

为害特点：幼虫蛀果为主，亦蛀嫩梢，蛀果多从果梗或果蒂基部蛀入，幼果干枯，大果提前变黄早落，俗称"红脸柿""旦柿"。

形态特征：

成虫。雌体长7毫米左右，翅展15～17毫米，雄略小，头部黄褐色，有光泽，复眼红褐色，触角丝状。体紫褐色，胸前中央黄褐色，翅狭长，缘毛较长，后翅缘毛尤长，前翅近顶角有1条斜向外缘的黄色带状纹。足和腹部末端黄褐色。后足长，静止时向后上方伸举，胫节密生长毛丛。

卵。近椭圆形，乳白色，长约0.5毫米，表面有细微纵纹，上部有白色短毛。

幼虫。体长10毫米左右，头部黄褐，前胸盾和臀板暗褐色，胴部各节背面呈淡紫色，中后胸背有"×"形皱纹，中部有1横列毛瘤，各腹节背面有1横皱，毛瘤上各生1根白色细毛。胸足浅黄。

蛹。长约7毫米，褐色。

茧。椭圆形，长7.5毫米左右，污白色。

生活史及习性：1年生2代，以老熟幼虫在树皮缝或树干基部附近土中结茧越冬。越冬幼虫在4月中下旬开始结蛹，5月上旬成虫开始羽化，5月中下旬为盛期。成虫白天静伏于叶背，夜间活动。卵多产于果梗或果蒂缝隙，每雌蛾产卵10～40粒，卵期5～7天。1代幼虫5月下旬开始为害，6月中下旬为盛期，多由果柄蛀入幼果内，粪便排于孔外，1头幼虫能为害4～6个果，幼虫于果蒂和果实基部吐丝缠绕，被害果不易脱落，被害果由青变灰白，最后变黑干枯，6～7月老熟，一部分在果内，一部分在树皮裂缝内结茧化蛹。蛹期10余天，第1代成虫盛发期7月中旬前后。2代幼虫7月中下旬开始为害，8～9月为害最烈，在柿蒂下蛀害果肉，被害果提前变红、变软而脱落。9月中旬开始陆续老熟越冬。天敌有姬蜂。

防治方法：①越冬幼虫脱果前于树干束草诱集，发芽前刮除老翘皮，连同束草一并处理，消灭越冬幼虫。②及时摘除虫果。③各代成虫盛发期药剂防治，参考核桃举肢蛾。

第六章 采收与加工

第一节 采 收

多数柿品种在10月均已成熟，可以采收出售或加工。

柿子属于浆果，极易碰伤腐烂。采收时要在晴天进行，尽量避免阴雨天采收，采摘时务必十分细心。柿的果柄很硬，须边摘边剪去果柄，以免在贮藏和运输途中戳伤他果而造成损失，最好用剪子直接在树上从果柄与柿蒂相连处剪下。现代成园栽培的柿树，植株低矮，直接从树上剪取完全能够做到。放任生长的柿树一般比较高大，无法直接用手采摘，往往需用采果器、捞钩、夹竿等工具采摘。果柄剪去后仍要轻拿轻放，采果笼筐内要衬垫软物，盛装不要过满。运输途中要防止颠簸。

第二节 脱 涩

柿子与别的水果不同，果实内含有涩味，食用前需要进行脱涩处理。

一、脆柿供食

脱涩后的柿果，肉质脆硬、味甜，削皮后鲜食。

以前北方最常用的是温水浸渍，南方常用石灰水呛和冷水浸渍。这些传统方法存在许多缺点，更不能大规模进行脱涩，不能适应市场需要。现介绍几种先进的方法：

1.CTSD（Constant Temperature Short Duration）脱涩法：这是一种在恒温条件下，用高浓度二氧化碳气体进行短时间处理的脱涩方法。采用这种方法，把柿子搬入库内或用塑料薄膜将柿子连果箱蒙上密封后，在23～25℃条件下放置5小时以上，使果实温度均匀一致。再充入高浓度（约98%）的二氧化碳，库内变成减压状态，经24小时（按品种不同，处理的时间要灵活掌握）开库换气，经24～48小时，按脱涩程度进行包装。一般都是在开封后3～4天脱涩。脱涩后没有发黑、变软等现象，而且存放的时间长，颇受好评。

使用此法应注意，处理时温度不能低于20℃，否则应加温，并用小型风扇使库内温度均匀；由于脱涩过程中叶绿素停止分解，不会促进着色，因此必须采摘着色好的果实。

2.脱氧剂脱涩：将采收后的柿子剪去果柄，细心拣去过生、过熟或病、虫、伤果，装入经过检查不漏气的聚乙烯薄膜袋中，按果重1%的比例加入脱氧剂（以铁粉为主）和保脆剂（用高锰酸钾配制）分别装入牛皮纸小袋中与柿子一起放入聚乙烯袋中，挤出多余空气后密封，经7～15天后便可脱涩。

二、软柿供食

经脱涩后的柿果，质软，可以剥皮。又叫烘柿、丹柿、爬柿等。以软柿供食的脱涩方法一般有以下几种：

1.传统的方法：柿与其他鲜果（山楂、梨、苹果等）混放脱涩、自然放置脱涩、熏烟脱涩、混入植物叶（柏、榕树）、喷白酒脱涩、碱液脱涩法等。

2.目前较先进的方法：乙烯利脱涩。用250～1000ppm的乙烯利水溶液在采收前喷布，直至果面潮润；或于采收以后，连筐在上述浓度中浸渍3～5分钟，经3～10天便可脱涩。脱涩的速度快慢与品种、成熟度、药液浓度、浸渍时间及气温高低有关。

也可在运输途中脱涩，方法是将柿果果柄剪去，果柄处滴一滴乙烯利，装在纸箱内的塑料袋内，包严后便可出运，到目的地已脱涩。用这种方法，必须事先做好试验，根据品种、成熟度、药剂浓度，确定需要几天才能脱涩，并算准运输时间。如果运输时间与脱涩时间不相符，则需调整起运时间或药剂浓度，否则容易失误。

第三节　加　工

一、甜柿

甜柿，又叫泡柿、脆柿，是用尚未熟透的青柿通过浸泡而成，味道鲜，具有甜、脆的特点。其浸泡方法如下：

1.采果。当柿果尚未熟透、全果完全呈青色时为最佳采收期，过早过晚采摘都不好，掌握采果期很重要。采果时要将柿蒂一起连同采下，同时，要注意轻摘轻放，以防造成柿果损伤影响浸泡。采摘的柿果要及时浸泡，以免时间一长，果肉自然软化，浸泡会失去脆的特点，甚至造成腐烂。

2.浸泡。选用坛、桶等能装水的容器，取鲜玉米叶（高粱叶也可）适量，在容器底铺一层，然后在上面轻放一层柿果。这样，一层鲜玉米叶一层柿子，直到装满容器口，最上层再放玉米叶。放好后，灌入清水浸泡，以完全淹没为准，再加盖密封。一般浸泡10天左右，食用时有甜、脆之感，说明已浸泡好，如果食用时还有涩味，还需继续浸泡，直至完全无涩味即可食用。

二、柿干

1.采果。以柿果充分黄熟、果皮黄色减退稍呈红色、果肉坚硬时为最佳采收期。

2.旋皮。采收的柿果要用剪刀剪去柿蒂翼，并去皮，去皮是用旋刀旋去表皮，去皮要求薄匀，不漏旋、不重旋。基部果蒂周围留皮要尽量少一些，一般宽度不能超过1厘米。

3.切片。将旋皮的柿果切成0.4～0.5厘米厚的薄片。

4.晾晒。把柿片放在漏筛或竹编的晒具上，以单独摆放为宜，放在通风干燥处，保持上面见光、下面通风透气。若遇雨天要盖塑料薄膜，还要保证通风透气，让其自然干燥。

5.上霜。先在缸（或其他容器）底铺放一层柿皮，然后在上面按柿干两两相对的办法摆放一层柿干，再放一层柿皮，又摆放一层柿干，直至缸满为止，最后再放一层柿皮，然后封严缸口，置于阴凉处即可自然上霜。注意不要让柿干见光，以免影响上霜。上了霜的柿干，甘甜酥脆，耐运耐贮。

三、柿饼

1.采果。当柿果充分黄熟、果皮黄色减退稍呈红色后，选择果形端正、大小均匀、无病虫、无沟痕的柿果采收。

2.旋皮。方法同上。

3.烘果、捏果。烘果、捏果是柿饼加工很重要的一环，直接影响成品的品质好坏。烘烤时，先控温35～40℃，待柿果脱涩后再升温到50～55℃。开始升温不能过猛，慢慢升温，以免影响脱涩。同时，在烘烤过程中，还要进行3次捏果处理，边烘烤边捏果。第1次，当果皮形成软皮时，并结合翻堆，从果肩向果顶转圈捏，使果肉和纤维混乱，果顶不再收缩；第2次，当柿果表面干燥、皮皱，肉色红褐时，要及时捏且要重捏，要把内部果肉硬块捏散；第3次，当柿果表面起大皱纹时，再结合整形捏，即用双手拇指和食指从果的中心向外捏成中间薄、边缘厚的碟状形，要捏断靠近果蒂的果心，以防果顶缩入，即成柿饼。整个烘烤、捏果过程需4～5天，以柿饼干燥至含水量为30%左右为宜。

第七部分

几种常用药剂的制作技术

一、石硫合剂的熬制方法

熬制石硫合剂的材料：生石灰、硫黄、水。

比例：生石灰1份，硫黄2份，水10份。

熬制方法：先将称好的水倒入铁锅中烧热至烫手，立即将称好的石灰倒入热水锅中，石灰遇水后放热很快热沸成石灰浆。然后将硫黄粉慢慢倒入石灰浆中，搅匀，记住水位线。用大火煮沸40~50分钟，药液由黄白色逐渐变成深棕色立即停火。

熬制中的注意事项：

1.熬制过程中要不断地搅拌。

2.熬制中要用热水补足蒸发掉的水分。

3.待冷却后要用波美比重表测量原液浓度波美度，使用时根据所需的波美度，按照下列公式计算加水倍数。

加水倍数＝（原液浓度－所需药液浓度）／所需药液浓度

如原液浓度为27波美度，使用浓度为5波美度，则加水重量为原液重量的4.4倍。还可以用查表法进行稀释。

4.石硫合剂用不完，将剩余原液倒入缸中，上面滴上煤油，以利保存。

二、波尔多液的配制方法

波尔多液是用硫酸铜水溶液和石灰乳按一定比例配制成的天蓝色胶状悬浮液，是一种广谱保护性无机杀菌剂。

配方：

石灰等量式：硫酸铜∶石灰∶水＝1∶1∶100

石灰倍量式：硫酸铜∶石灰∶水＝0.5∶1∶100

石灰半量式：硫酸铜∶石灰∶水＝1∶0.5∶100

配制方法：配制时所需水分为2份，1份水用来溶解硫酸铜，1份水用来配石灰乳液，配好后必须将硫酸铜液倒入石灰乳中，边倒边搅即成。另一种方法是将2份溶液同时倒入第三个容器，边倒边搅即成。

波尔多液对早期落叶病、轮纹病、炭疽病等病害有良好防效。

注意事项：

1.波尔多液要随配随用，不能久置。

2.配好后的波尔多液不能稀释。

3.波尔多液为碱性，不能与忌碱性农药混用，也不能在短期内交替使用。

三、白涂剂配方

1.生石灰5千克＋硫黄0.5千克＋水20千克。

2.生石灰5千克＋石硫合剂残渣5千克＋水20千克。

3.生石灰5千克＋石硫合剂原液0.5千克＋食盐0.5千克＋动物油100克＋水20千克。

4.生石灰5千克＋食盐2千克＋油100克＋豆油100克＋水20千克。

白涂剂主要涂在主干及主枝基部，尤其是主枝的交叉处更要涂到。涂白以2次最好，1次在秋末冬初，1次在早春。

主要参考文献

[1] 郗荣庭，张毅萍.中国核桃[M].北京：中国林业出版社，1991.

[2] 朱丽华，张毅萍.核桃高产栽培[M].北京：金盾出版社，1993.

[3] 司胜利，等.核桃病虫害防治[M].北京：金盾出版社，1995.

[4] 刘朝斌.核桃周年管理新技术[M].杨凌：西北农林科技大学出版社，2003.

[5] 张志华，罗秀钧.核桃优良品种及其丰产优质栽培技术[M].北京：中国林业出版社，1995.

[6] 郝艳宾，刘军.核桃栽培技术问答[M].北京：中国农业出版社，1998.

[7] 王仁梓.柿[M].北京：中国林业出版社，1979.

[8] 宗学普，等.柿树栽培技术[M].北京：金盾出版社，1991.

[9] 栾景仁，梁丽娟.柿树丰产栽培图说[M].北京：中国林业出版社，1997.

[10] 林海.果品的贮藏与保鲜[M].北京：金盾出版社，1996.

[11] 李孟楼，曹支敏，王培新.花椒栽培及病虫害防治[M].西安：陕西科学技术出版社，1989.

[12] 蒲淑芬，原双进，马建兴.花椒丰产栽培技术[M].西安：陕西科学技术出版社，1994.

[13] 王有科，南月政.花椒栽培技术[M].北京：金盾出版社，2002.

[14] 邓振义，莫翼翔，赵建民.大红袍花椒人工干制技术研究[J].西北农业学报，1999.

[15] 邓振义，孙丙寅，胡甘，等.凤县花椒寒害的调查研究[J].陕西林业科技，2003.

[16] 郝乾坤，张国桢，孙丙寅.花椒水肥管理现状的调查研究[J].陕西林业科技，2003.

[17] 曹支敏，田呈明，梁英梅，等.陕甘两省花椒病害调查[J].西北林学院学报，1994.